Kankai Xiangkai
Fannaozoukai

看开 想开 烦恼走开

遇事多往开处想，生活愉快又自在

赵伯异◎著

团结出版社

图书在版编目（CIP）数据

看开，想开，烦恼走开 / 赵伯异著. -- 北京：团结出版社， 2011.10
ISBN 978-7-5126-0542-8

Ⅰ.①看⋯　Ⅱ.①赵⋯　Ⅲ.①人生哲学—通俗读物　Ⅳ.①B821-49

中国版本图书馆CIP数据核字(2011)第131841号

出　版：团结出版社
　　　　（北京市东城区东皇城根南街84号　邮编：100006）
电　话：（010）65228880　65244790（出版社）
　　　　（010）65238766　85113874　65133603（发行部）
　　　　（010）85113694（邮购）
网　址：http:// www.tjpress.com
E-mail：65244790@163.com（出版社）　65228880@163.com（投稿）
　　　　65133603@163.com（购书）
经　销：全国新华书店
印　装：三河市东方印刷有限公司

开　本：170×240 毫米　1/16
印　张：14
字　数：230千字
印　数：7000
版　次：2011年10月　第1版
印　次：2011年10月　第1次印刷

书　号：ISBN 978-7-5126-0542-8/B·136
定　价：29.00元

CONTENTS
目 录

Chapter I

生活难免有烦恼，看开就好

生活就是这样，如果太希望赢，就会输得很惨；太在乎得，往往会失去很多；太期盼财富，离贫穷就越来越近；太想求生，反而越容易被死神召唤。

Chapter Ⅱ

烦恼源于爱比较，痛苦皆因不知足

财富、地位、名利，这些让很多人欲罢不能的东西，其实只是生活的装饰、生活的虚相而已，并不是生活本身。

Chapter Ⅲ

快乐不在别处，就在你的心里

当我们遇到这样或那样的不痛快时，不妨用心想一想，我们做这些事究竟是为了什么。当我们找回自己最初的愿望时，就会发现眼下的不快根本算不了什么。

Chapter IV

换个角度去看，风景更加美好

世界上最好的东西，给谁都不算过分；世界上最差的东西，给谁都别觉得委屈。当你能够不自我设限，而是心里海阔天空时，你的内心就会少很多烦恼，凡事都更能看开。

Chapter V

懂得惜福，才会有福

只有怀抱善良、慈悲、包容、仁爱、无争执、无仇恨，人间才是快活的天堂。而一个心灵苦旱的人，与其渴求远大的虚幻云影，不如珍惜身边的点滴甘露。

Chapter VI

播下"善"的种子，结出"幸福"果实

> 付出就是在积善因，而善因就是一粒粒幸福的种子，培育好了，就能长出一朵朵幸福的花儿，在芬芳了众人的同时，也陶醉了自己。

Chapter VII

不计较，人缘就好；能包容，成就就高

> 计较不但会像磁铁一样吸引来烦恼，甚至还会使仇恨越来越深；只有宽容，才能将仇恨化解，从而为你自己消灾解难。

Chapter VIII

活出人间好时节，不去虚度好年华

> 世间的事皆是闲事，没有什么不得了，更不值得挂在心头，若能如此，你便能过上人间最赏心悦目的好时节。人生苦短，生命是经不起等待的，须好好把握，活好当下的美好时光。

序 言

看开，想开，烦恼走开

· · · · · · · · · · · · · · · · · · · ·

生活中，有着很多的"看不开"。

有的人本来以为自己很强，认为别人不如自己，然而现实却是，那些以为不如自己的人，却大多都比自己成功，于是，心理开始不平衡了，"看不开"了。

有的人每天都忙得焦头烂额，总是很认真地对待工作，甚至说得最少，干得最多，可总是得不到满意的回报和待遇，所以感觉全世界都对不起他，于是开始"看不开"。

有的人则认为，从小到大，一直以来，好运都没有垂青过自己，别人总是轻而易举地就获得了幸福，而自己却总是遇不到幸福和好运。于是"看不开"，感觉自己的人生灰暗无比，似乎怎么努力都无济于事。

……

你是否也如上面的某些人那样，曾经"看不开"过？当心愿与现实发生冲突，期望的未必能够获得，获得的却未必是所期望的的时候，你是否陷入过或正在处于"看不开"、"想不明白"的旋涡中，被搅得头昏脑涨、昏天黑地，找不到生活的方向与快乐？

人生也许很复杂，生活也许充满了变数。每个人对生活的态度也千差万别。然而总结起来，不外乎是"看得开"与"看不开"这两种态度而已。

"看得开"与"看不开"是截然不同的两种人生态度。"看得开"是心理平衡的天平，"看不开"是心理不平衡的起源。

看开，想开，烦恼走开

对于心态好的人而言，凡事都不过分计较得失。无论好与坏、成与败，都能从容面对，不会耿耿于怀，这是"看得开"的一面。对于心态不好的人，任何事情都会成为他的心理障碍，那是"看不开"的反映。很多时候，无论你"看得开"也好，"看不开"也罢，都得面对那些你必须要面对的事，那又何不以一种"看得开"的心态来面对呢？在压力面前，"看得开"与"看不开"这两种不同的生活态度，会带来两种不同的人生。

遇事"看得开"，是因为"想得开"，只有"想得开"，才能活得好。"看不开"，是因为别人得到他没有得到，或者是他根本不可能得到，因此就转不过弯来。其实，转不过弯来的时候，你不妨这样想：生活就是这样，不是你的，无论你怎么努力地去追寻，它还是会从你手中溜走；如果是属于你的，就算你不去找，顺其自然，总有一天它还是会掌握在你的手中。那么，何不把心态放宽松一些？遇事多往开处想，没有必要与自己过不去。

遇事"看得开"、"想得开"的人，凡事往往会朝前看、朝好处看，绕开眼前的悲伤和失意，忘掉失望的人和事。同时他们会常常提醒自己：暗淡的日子总会过去，生活终会呈现出明媚和动人的时刻，明天一定会比今日美好。

遇事"想得开"，就是学会选择，懂得放弃，知道什么时候舍得，什么时候前进，什么时候后退。契诃夫在《生活是美好的》一文中说："要是火柴在你的口袋里燃起来了，那你应当高兴，而且感谢上苍，多亏你的口袋不是弹药库；要是你的手指头扎了根刺，那你应当高兴，多亏这根刺不是扎在眼睛里。"既然木已成舟，又何必徒然加倍折磨自己，不如"退一步海阔天空"，方能享受生活的乐趣。有什么比开开心心地生活更幸福的呢？遭遇无礼，不要生气，让他三分又何妨？被人误解了，不要烦恼，"清者自清，浊者自浊"，时间会证明一切！

佛说：万物皆空，不嗔不怒。想得开，不是不思进取，不求上进，不是贪图安逸，得过且过，而是顺其自然；把握机会，是平衡心态，曲径通幽。

有道是"人这一辈子，该吃吃，该喝喝，遇事不往肚里搁"。想生活少烦恼和痛苦，遇事就要拿得起、放得下；看得开、想得开。同一件事，想开了，就是天堂；想不开，就是地狱。

其实，不管遇到什么事，只要看得开，想得开，你的烦恼就会走开，你的人生就会变得轻松而自在。

Chapter I

生活难免有烦恼，
看开就好

生活就是这样，如果太希望赢，就会输得很惨；太在乎得，往往会失去很多；太期盼财富，离贫穷就越来越近；太想求生，反而越容易被死神召唤。

1. 拒绝掉"烦恼"这份礼物，你就天天好心情

　　当我们在为种种苦恼之事感到失落甚至掉泪时，其实快乐就在身边朝我们微笑。做一个快乐的人其实并不难，拥有一个幸福的人生也很简单，只要记住三条：不要拿自己的错误惩罚自己，不要拿自己的错误惩罚别人，不要拿别人的错误惩罚自己。

　　佛祖在旅途中遇到了一个不喜欢他的人。连续好几天，在好长的一段路上，那个人都在用各种方法去诬蔑佛祖。但佛祖从来不跟他计较。最后，佛祖问那个人："若有人送你一份礼物，但你拒绝接受，那么这份礼物属于谁的？"

　　那个人答："属于原本送礼的那个人。"

　　佛祖微笑着说："没错。若我不接受你的谩骂，那你就是在骂你自己。"

　　那个人恍然大悟，摸摸鼻子走了。

　　佛祖的意思是说，只要你对别人给你的烦恼采取不理、不睬、不接受的态度，那么无论别人如何谩骂你、如何对待你，都影响不了你的快乐，夺不走你的高兴。你可以生别人的气，但那只是在用别人的错误来惩罚你自己罢了，真正受害的还是你自己。

　　不要扰乱了自己的心，烦恼往往都是自找的。**只要你不接受"烦恼"这份礼物，任何人都破坏不了你的好心情。**

活着不是为了生气的

　　有位老人非常爱摆弄盆景，所以在栽种盆景上投入了很多的时间。有一

天，老人要外出。在临行前，他特意嘱咐儿子：一定要细心地照顾好家里那些他看得跟命一般重要的盆景。

在老人外出这期间，儿子很精心地照料着这些盆景。尽管如此，花架上还是有一个盆景在儿子浇水时不小心被碰倒了，打碎了。儿子因此非常害怕，准备着等父亲回来后接受处罚。

老人回来后知道了此事，不但没有责备儿子，还说："我栽种盆景是用来欣赏和美化家里环境的，不是为了生气的。"

老人说得好，他不是为了生气才栽种盆景的。盆景的得失，并不影响老人心中的悲喜。**气由心生，如果无欲无求，了无牵挂，则气无处生。**人不是为了生气而活着的，只有心平气和，才不会愚蠢到去拿别人的错误来惩罚自己啊。

烦恼往往都是自找的

有个人感到非常苦恼，于是就背上行囊去找佛祖为他灭除苦难。

佛祖听完他的诉说后，说道："真正能够解脱你的，只能是你自己。"那人不解地问道："可是，我心中充满了苦恼和困惑啊！"

佛祖慈悲地解释道："是谁给你心里放进了苦恼和困惑呢？"这个人沉思良久，没有说话。

佛祖继续开示："是谁放进去的，就让谁拿出来吧。"

看着佛祖慈祥的笑脸，这个人的脸上也露出了久违的微笑。

其实，**心中的苦恼不过是自己的一种执著，能够解脱自己的只能是自己。**

有一天，城郊的寺庙里来了一位很富态的中年妇人。据她说，她最近老是失眠，无论面对多么鲜美的饭菜都没有胃口，浑身乏力，懒得动，做什么事都没有激情，很想了却尘缘，遁入佛门……

方丈是个懂得医术之人，他听完那位妇人的描述后，便说："不忙，待老衲先给施主把把脉如何？"妇人点头应允。切完脉，观完舌苔，方丈微微一笑："体有虚火，并无大碍。"顿了一下，方丈又接着说："只是施主心中藏着太多烦恼而已。"中年妇女一被点醒，心里暗叹神奇，便把心中所有事情逐一向方丈说明。方丈很随意地跟她聊着："你家相公与施主感情如何？"

妇人脸上有了笑容，说："感情很好，耳鬓厮磨十几年从未红过脸。"

方丈又问："施主膝下有无子女？"

妇人眼里闪出光彩，说："有个女儿，很聪明，很懂事。"

方丈又问："家里的生活不好吗？"

妇人赶忙摇头说："很好，家里的生活算得上是镇上的富人家了……"

方丈铺开纸墨，边问边写，左边写着她的苦恼之事，右边写着她的快乐之事，然后把写满字的这张纸放到妇人面前，对妇人说："这张纸就是治病的药方。你把苦恼之事看得太重了，所以忽视了身边的快乐。"说着，方丈让徒弟取来一盆水和一只苦胆，把胆汁滴入水盆中，浓绿色的胆汁在水中淡开，很快就不见了踪影。方丈说："胆汁入水，味则变淡。人生何尝不是如此？施主，不是您承受了太多的苦痛，而是您不善于用快乐之水冲淡苦味啊。"

当我们在为种种苦恼之事感到失落甚至掉泪时，其实快乐就在身边朝我们微笑。做一个快乐的人其实并不难，拥有一个幸福的人生也很简单，只要记住三条：不要拿自己的错误惩罚自己，不要拿自己的错误惩罚别人，不要拿别人的错误惩罚自己。

因为烦恼，一些本可以成为天才的人正在做着极其平庸的工作；因为烦恼，很多人把大量的时间和精力耗费在了无谓的事上。世界上没有一个人因烦恼而获得过好处，也没有一个人因烦恼而改善过自己的境遇，但烦恼却在随时随地损害着我们的健康，消耗着我们的精力，扰乱着我们的思想，减少着我们的工作效能，降低着我们的生活质量。

人生在世，其实是在为自己而活。活着，本身就是一种幸福。每个人来到这个世界上都是不容易的，也是幸运的。所以，珍惜和善待我们的人生吧，快乐和充实地度过每一天，才是远离烦恼的正确选择。

2. 想活得轻松自在，就请学会放下

成功对我们太具有诱惑力了，可是如果我们过于重视成功，心就会很累，灵魂就会变得沉重，整个生命就会在不知不觉中向下坠落。如何解救自己呢？放轻松！如何放轻松？放下！

湖北黄梅五祖寺，是著名的禅宗寺庙，六祖惠能就曾在此受戒。寺前有一道山溪，终年流水淙淙，游人欲进寺门，必须经过一座古老的廊桥。走近廊桥，抬头便能看见门楣上有三个醒目的大字："放下着"。

游客中有人在禅房向老僧求教何为"放下着"。老僧讲了一个故事：

有个小男孩在玩耍一只贵重的花瓶。他把手伸了进去，结果竟拔不出来。他父亲费尽了力气也帮不上忙，遂决定打破瓶子。但在此之前，他决心再试一次："孩子，现在你张开手掌，伸直手指，像我这样，看能不能拉出来。"

没想到小男孩却说了一句令人惊讶的话："不行啊，爸爸，我不能松手，那样我就会失去那一分钱硬币的。"

有些人可能会笑小男孩的愚笨。但是，在生活中又有多少人像这个小男孩一样，执意地抓住那无用的"一分钱"，而不愿意去获得自由啊。

佛陀说，放下。人能放下，身心轻松。很多时候，**如果我们想获得从容、轻松、自由和解脱，就必须学会放下那些没有意义的东西。**可惜，大千世界，充满诱惑；芸芸众生，六根不净。尘世之中，又有多少人能悟出"放下着"这种大境界呢？

何必太过执著

有大和尚与小和尚二人结伴下山到集市上购买寺院一周必需的粮食。去集市的路有两条：一条是远路，需绕过一座大山，蹚过一条小溪，来回近一天的路程；一条是近路，只需沿山路下得山来，再过一条大河即可，不过河上只有一座年久失修的独木桥，不知哪天会桥断人翻。

大和尚和小和尚自然走的是近路，毕竟远路太远，一天一来回，费时费力。他们轻松下得山来，正准备过桥，突然细心的大和尚发现独木桥的前端有一丝断裂的痕迹。他赶紧拉住一路抬头走的小和尚："慢点，这桥恐怕没法过了，今天我们得回头绕远路了。"小和尚经大和尚的提醒，也看到了桥的断痕，但他认为："回头？我们都走到这儿了，还能回头吗？过了桥可就是镇上了，回头绕远路那还得走多远啊？我们还是继续赶路吧，桥或许还能撑得住。"

大和尚知道小和尚性格倔犟，见他执意要过桥，便不再言语，只是抢道走到了小和尚的前面，并随手捡了块石头在手中。只听到"砰"的一声，腐朽老化的独木桥应声而落，掉入三四丈下湍急的河流中。偌大的独木桥竟经不起大和尚手中小石块的轻轻一敲！小和尚惊得半天说不出话来，继而庆幸自己还没来得及踏上危桥，又暗自为自己的鲁莽倔犟和固执感到羞愧。

在回头的路上，小和尚感激而又疑惑地对大和尚说："师兄，刚才幸亏你的投石问路，要不然，我可要葬身鱼腹了。你说，我当时咋就那么懵呢？满脑子想到的都是回头太难，过了桥便是镇上了，绝不能回头了。压根儿就没想过桥万一真垮了摔下河怎么办。"大和尚不无深意地说："只要懂得放弃，其实回头并不难。"

只要懂得放弃，其实回头不难。人生的很多时候又何尝不是如此的呢？**该放弃时不放弃，继续下去可能遭遇更可怕的后果；该放下时不放下，身心的负担都只会越来越沉重。**

何必太在乎得

会游泳的人都懂得这样一个常识：一旦溺水了，最好的自救方法不是拼命挣扎，也不是大声呼救，而是尽量心无杂念，全身放松。只要放轻松，就能浮上来！从某种角度上说，人们并不是死于溺水，而是死于过于旺盛的求生欲望，越是在困境中，焦躁而强烈的欲望就越会成为你的负担，它会拉着你一步一步地向深水走去。

生活就是这样，如果太希望赢，就会输得很惨；太在乎得，往往会失去很多；太期盼财富，离贫穷就越来越近；太想求生，反而越容易被死神召唤。

金钱、荣誉、地位、权利以及健康的身体、成功的事业、幸福的家庭，哪一样不是人们梦寐以求的？成功对我们太具有诱惑力了，可是如果我们过于重视成功，心就会很累，灵魂就会变得沉重，整个生命就会在不知不觉中向下坠落。如何解救自己呢？放轻松！如何放轻松？放下！

3. 把一切看得平淡一些，
才不会成为欲望的阶下囚

> 我们"悟空"，并非是要去领悟佛学真谛而成佛，而是应该把一切都看得平淡一些，不必汲汲于功名利禄，以免成为欲望的阶下囚。

人活世上，总会有这样那样的欲望。人生在世，从某种程度上说就是欲望得到满足与失落的不断交错，于是人便不知不觉地在欲望的海洋中沉浮着，便有了悲喜怒哀乐，酸甜苦辣咸。

有这样一副对联，对人生颇有指导和规戒的意义："鸟在笼中，恨关羽不能张飞；人处世上，要八戒更须悟空。"此联构思颇为巧妙，分别嵌入了《三国演义》与《西游记》中人物的姓名，并巧用了双关。尤其是下联，更引人深思。

在《西游记》中，当猪八戒被唐僧收为徒弟时，他自己说："受了菩萨戒行，断了五荤三厌。"于是唐僧为其取了别名——八戒。八戒所说的"五荤三厌"，属于宗教戒条规定不准食用八种食物。五荤，是指佛教忌食的五种辛辣蔬菜，即大蒜、小蒜、兴渠、慈葱、茖葱；三厌，道教把雁、狗、乌龟作为不能吃的三种动物，列为教条。不过，这"五荤三厌"是佛道二教的混合物，佛教的"八戒"实际另有所指。八戒全称"八斋戒"，是佛教为在家的男女教徒制定的八项戒条，包括不杀生，不偷盗，不淫欲，不妄语，不饮酒，不眠坐高广华丽之床，不打扮及视听歌舞，不食非时食（即正午过后不食）。

这"八戒"对于普通人来说，要一一做到确实很难。其实，对于普通人来说，其指导和规戒意义在于它提示了我们，人生有一些事情是不能去做的，例如杀生偷盗、淫欲妄语、饮酒过度、醉心于灯红酒绿之中这些，无论何时都应该是人生的禁忌。

关于"悟空"，佛教认为，众生之所以陷溺于生死轮回的苦海而不能自拔，就是在于先天元始而有的"无明"遮障了佛智，使人执著于尘世诸色，贪恋荣华富贵，至死不悟。要排除"无明"，就必须窥破红尘，证悟"空"谛，意识到我、法皆空。所以，从某种意义上来说，佛学也是"空"学，"空"字乃佛门教义的根基。如果不参悟空谛，纵然读遍佛经，也不能成佛。正是有鉴于此，菩提祖师为孙猴子起了个"悟空"的法名。孙悟空到最后倒也真的就"悟空"而成为"斗战胜佛"。

对普通人来说，人生要尽可能"八戒"，但更要学会"悟空"。**我们"悟空"，并非是要去领悟佛学真谛而成佛，而是应该把一切都看得平淡一些，不必汲汲于功名利禄，以免成为欲望的阶下囚。**也许有人会问，若真有如此人生又如何能成功呢？但我们不妨仔细想想，平安快乐的人生又何尝不是成功的人生？

人生短暂，轰轰烈烈、曲折传奇也许是一种成功，但安然淡定、平安幸福更是一种成功。

天亮睁开眼，还活着，真好；天黑闭上眼，能睡好，值了。

人生要有思量，更要平常心

有个人问慧海禅师："禅师，你可有什么与众不同的地方？"慧海答道："有。""是什么呢？"慧海答："我感觉饿的时候就吃饭，感觉疲倦的时候就睡觉。"

"这算什么与众不同的地方，每个人都是这样的，有什么区别呢？"慧海答："当然是不一样的！""为什么不一样呢？"慧海答："他们吃饭时总是想着别的事情，不专心吃饭；他们睡觉时也总是做梦，睡不安稳。而我吃饭就是吃饭，什么也不想；我睡觉的时候从来不做梦，所以睡得安稳。这就是我与众不同的地方。"

慧海禅师继续说道："**世人很难做到一心一用，他们在利害得失中穿梭，囿于浮华的宠辱，产生了'种种思量'和'千般妄想'。**他们在生命的表层停留不前，这是他们生命中最大的障碍，他们因此而迷失了自己，丧失了'平常心'。要知道，**只有将心灵融入世界，用心去感受生命，才能找到生命的真谛。**"

由此可见，无杂念的心才是真正的平常心。这需要修行，需要磨练，一旦我们达到了这种境界，就能在任何场合下，放松自然，保持最佳的心理状态，充分发挥自己的水平，施展自己的才华，从而实现圆满的"自我"。而我们只有心无杂念，将功名利禄看穿，将胜负成败看透，将毁誉得失看破，才是真有"平常心"。

人生要知枯荣，更要无分别

药山禅师有两个弟子，一个叫云严，一个叫道吾。有一天，师徒几个到山上参禅，药山看到山上有一棵树长得很茂盛，旁边的一棵树却枯死了，于是问徒弟们："荣的好呢？还是枯的好？"道吾说："荣的好！"云严却回答说："枯的好！"

这时来了一个小和尚，药山就问他："你说是荣的好，还是枯的好？"小和尚说："荣的任它荣，枯的任它枯。"

禅师说："荣自有荣的道理，枯也有枯的理由。我们平常所指的是人间是非、善恶、长短，可以说都是从常识上去认识的，不过是停留在分别的界限而已，小和尚却能从无分别的事物上去体会道的无差别性，所以说：'荣的任它荣，枯的任它枯。'"

无分别而证知的世界，才是实相的世界。而我们所认识的千差万别的外相，都是虚假不实、幻化不真的，甚至我们所妄执的善恶也不是绝对的。好比我们的拳头，当用它无缘无故地打别人一拳时，这个拳头就是恶的；如果我们好心帮人捶背，这个拳头又变成了善的。恶的拳头可以变成善的，可见善恶本身没有自性，事实上拳头本身也无所谓的善恶，这一切只不过是我们对万法的一种差别与执著而已。

欲拥有一双佛眼，就必须知枯荣，懂得无分别的道理。懂佛法就有佛心，有佛心就有佛眼。其实，**佛法世界就是要我们超出是非、善恶、有无、好坏、枯荣等等相对立的世界，佛法世界就是要我们在生死之外，找寻到另一个立身立命之所在。**

人生要有追求，更要常知足

《佛遗教经》说：知足之法，即是富乐安隐之处。知足之人，虽卧地上，犹为安乐；不知足者，虽处天堂，亦不称意。**不知足者，虽富而贫；知足之人，虽贫而富**。

传说八仙当中的吕洞宾，有一天从天界下凡来，发心要救度有缘的众生。在半路上，吕洞宾看见有个少年坐在地上流泪，于是上前问道："小朋友，你为什么哭呢？遇到什么困难了吗？"

少年叹了一口气："我母亲卧病在床，家里没有钱请医生来看病，我本来要出去做工赚钱的，可是母亲又不能没有人照顾！"

吕洞宾一听，心里很高兴，难得世间还有这么孝顺的孩子。为了资助这个少年，吕洞宾使用法术，把路旁的一块石头变成了黄金，并交给了少年。没想到，少年却摇摇手，表示不要这块黄金。

吕洞宾心里更是欢喜欣慰，这少年竟然还是一个不贪恋黄金的君子。"你为什么不要黄金？这足够让你们母子几年不愁衣食了呀！"吕洞宾问。

"你给我的黄金，总有用完的时候，我要你的金手指，以后只要我需要钱，手指随意一指，遍地就是黄金。"少年一脸贪鄙。

吕洞宾听了以后，感叹一声，飘然远去。

人的欲望是无止境的，永远没有尽头。挣钱的，有了十万想百万，有了百万想千万，有了千万想亿万；当官的，当了乡长想县长，当了县长想市长，当了市长想省长；贪吃的想吃遍天下，贪色的想阅尽春色，贪命的想长生不老，贪名的想永垂不朽。

人就是这样，越是拥有，越想索求，越是索求，就越堕落。

人人都有凡心，没有欲望是不可能的，而且适度的欲望为公为私都是好事，但是欲望太盛，就会引发灾难，小到个人是犯罪，大到国家就变成了战争。所以说，人不能无欲，但不可贪心，贪心不足蛇吞象，人活着一定要知足，只有明白了这一点，才能真正体会到幸福的真谛。

4. 坦然面对无常事，人生失意常八九

> 一个人可以没有金钱，可以没有名利，可以没有爱情，可以没有亲人和朋友，但是不能没有希望！希望从何而来？坦然面对人生中的无常，多关注人生中的一二得意之事。

有一位孤独的年轻人倚靠着一棵树晒太阳。他衣衫褴褛，神情萎靡，不时有气无力地打着哈欠。一位僧人从此经过，好奇地问："年轻人，如此好的阳光，你不去做你该做的事，却懒懒散散地晒太阳，岂不是辜负了大好时光？"

"唉！"年轻人叹了一口气说，"在这个世界上，除了我自己的躯体外，我一无所有。我又何必去费心费力地做什么事呢？每天晒晒我的躯体，就是我做的所有事了。"

"你没有家？"

"没有。与其承担家庭的负累，不如干脆没有。"年轻人说。

"你没有你的所爱？"

"没有，与其爱过之后便是恨，不如干脆不去爱。"

"没有朋友？"

"没有。与其得到还会失去，不如干脆没有朋友。"

"你不想去赚钱？"

"不想，千金得来还复去，何必劳心费神动躯体？"

"噢，"僧人若有所思，"看来我得赶快帮你找根绳子了。"

"找绳子？干嘛？"年轻人好奇地问。

"帮你自缢！"

"自缢？你叫我去死？"年轻人惊诧地说。

"对！人有生就有死，与其生了还会死去，不如干脆就不出生。你的存

在，本身就是多余的，自缢而死，不是正符合你的逻辑么？"

僧人的话说得很在理，因为哀莫大于心死，与其如此悲观地看待生活中的一切，还不如早点结束自己的生命呢。事实上，**人生失意之事十之八九，人生处处皆是无常事，我们必须学会看破无常！只要看破生死看破无常，才能置之死地而后生，获得新生获得阳光获得快乐！**

一个人可以没有金钱，可以没有名利，可以没有爱情，可以没有亲人和朋友，但是不能没有希望！希望从何而来？坦然面对人生中的无常，多关注人生中的一二得意之事。

坦然面对世间的无常

"生又何欢，死亦何哀"，人们常常这么说，却很少有人能做得到。不是不明了，而是看不透。

在罗阅祇城有一个婆罗门，他经常听说舍卫国的人民绝大多数都孝养父母、信仰佛法，而且善于修道，并供养佛法僧三宝。他对此心中十分向往，于是便想去舍卫国观光并修学佛法。

到了舍卫国，他看见有父子二人正在田中耕地、播种。忽然，有一条毒蛇爬到了那儿子的跟前，将他咬死了。然而那父亲不但不管儿子，反而接着干活，连头也不抬。此情此景令婆罗门大为惊奇，便上前去问那父亲原因。耕种者反问道："你从何方来，来此为何目的？"

婆罗门回答说："我从罗阅祇城来，听说你们国家多孝养父母、信奉三宝，所以打算来求学修道。"接着，婆罗门问道："你儿子被毒蛇咬死了，你为什么不但不难过，还接着耕地播种呢？"

耕种者说："人的生老病死以及世间万物的成败，皆为自然规律，忧愁啼哭能有什么用呢？如果伤心得饭也不吃、觉也不睡，什么事也不干，那不是跟死人一样吗？如果是这样，那活着的意义就不大了。你要进城的话，当路过我家时，请替我捎话给我的家人，说儿子已经死了，不必再准备两人份的饭菜了。"

这个婆罗门心里暗想："这个人可真不像话！儿子被蛇咬死了，竟然不悲哀，反而还想着吃饭的事，真是太没有人性了啊！"

他进入舍卫城，来到耕种者的家，见到了那人的妻子，便说道："你的儿子已经死了，他的父亲让我捎话给你说，你只需要准备一个人的饭菜就行了。"那妇人听后，说："人生即如住店，随缘而来，随缘而去，我这儿子也是一样啊！生是赤条条来，死亦赤条条去，任何人都不能违反这一规律。"这个婆罗门又告诉了死者的妻子，谁知她的回答也是如此。他心中非常生气，对那女子说道："你的丈夫已死，你难道一点儿也不痛心吗？"那女子默然不答。

这个婆罗门怀疑自己是否走错了国家，他心里暗想："我听说这个国家的人民是如何慈爱、如何孝顺、如何供奉三宝，所以才想来这儿学习修道的，没想到碰上的却都是这等没有人性的人。这种人又怎配信佛修道呢？"

他百思不得其解，于是决定去请教伟大的佛陀。

这个婆罗门来到佛陀处，向佛陀顶礼，退坐一边，一脸的愁云。佛陀已明白他的来意，却故意问他为什么会忧愁。

他回答说："遇事不合我的想法，故而忧愁。"

佛陀又问："遇上什么样的事不合你之所想了啊？"

他便一五一十地如实向佛陀禀告了路上所见之事。

佛陀说道："善男子，这些人是真正明白人生事理的啊！他们知道人生无常，伤心悲哀均无济于事，故能正视世间及人生的自然规律，也就没有忧愁！尘世之人不明白生死无常的道理，便互相贪着爱恋，等到突发事件一来，即懊恼、痛苦甚至痛不欲生，无以自制。正如人得了热病，高热谵语，恍恍惚惚胡说八道，只有经过良医诊治下药后，热退病愈，才不会再说胡话了。"

佛陀接着又说："世间俗人长时间被贪、嗔、痴三种烦恼袭扰，不能自拔。如果自己能明白无常之道理，能明白佛法苦集灭道之道理，那么自然烦恼尽除。这些人皆可以证道啊！"

这个婆罗门闻佛所说，即自责道："我真愚痴，不明佛法大义，现在一经佛说，如黑暗中见到光明，恍然大悟！"

佛经里有这样的话：**"命如果待熟，常恐会零落，已生皆有苦，孰能致不死？"** 意思是说，生命就如同长在树上的果子，每一颗果子都要经历风吹雨打，有的能瓜熟蒂落，有的等不到成熟就飘然零落了，没有谁能保证所有的果实都能够长到成熟。人生也是一样，无常鬼每天都跟随在我们身后，不知道哪一天就把我们的生命偷走了。

人生充满无常，无常即苦。佛法告诉我们，生命的无常是无法回避的，我们应该面对它、认识它、超越它。一说到苦，很多不了解佛法的人总认为佛教是消极的、悲观的。其实不然，佛教认为苦是一种客观存在，世间的一切都有生住异灭的过程，人生都要经历生老病死，如同春夏秋冬的轮转一样，是一种自然现象。所以，佛法不但不是消极的，反而是积极进取的，是给人以希望与光明的。因为，**只有明白了生命的无常，才会珍惜生命的有限，才能放下无谓的执著，才可以坦然地面对人生的苦难和死亡。**

学着拥有旷达的人生

我们要学着拥有旷达的人生，因为只有旷达的人生才具有像大海一样的宽广胸怀。

人生学会旷达，就不会再因生活中一些无谓的琐事而斤斤计较；人生学会旷达，就会不再因生活中几句逆耳的言语而耿耿于怀；人生学会旷达，就不会再因生活中此许所谓的烦恼而忧心忡忡；人生学会旷达，就会站在生活另一个高度上去看待和审视周围的人和事；人生学会旷达，就能走在时代的前列，以一个过来者的身份出现在他人面前。

有一位老乡去赶集，买了一口锅提在手里，不料"铛"的一声，绳子断了，锅子掉在地上摔破了，他连看也不看一眼，掉头便走了。旁人问他为什么看都不看一下，他回答说："已经打破了，看它还有什么用呢？"

从前魏国东门有个姓吴的人，他的独生儿子死了，可他却一点也不忧伤，仍每天饮酒吟诗，快乐自在。有人不解地问他："你的爱子死了，永远也见不着了，你难道一点也不悲伤吗？"他回答说："我本来没有儿子，后来生了儿子，如今儿子死了，不是正和我从前没有儿子时一样吗？那我又有什么可忧伤的呢？"

确实，世事多变，人生无常，古云："达人撒手悬崖，俗子沉身苦海。"自然通达之人，能够看破事物的表相，优游物外，而化解险境和忧烦；一般凡夫俗子却总被世间的烦恼困惑缠缚而难以自拔。

天地间的万事万物，不论美与丑，善与恶，得与失……既是相对，亦非绝对，却是无常的，缘生的。在热闹的尘世中，看破了名利、得失的虚妄，放下了贪爱的执著，活也活得自在，死亦死得安然。唯有旷达超然的态度，以乐观、宽容的心去正视现实，眼下的世界才会越来越广阔。

人生本来就是一场空，从空旷中走来，向空旷中走去，最后的结果是四大皆空。所以没有什么想不开的事，也没有什么放不下的物。况且，人生的欢乐是多么少，时间又是多么短；人生的苦难又是多么深，该忧愁的事又是多么多，又何苦把自己捆绑在世俗的小事之中呢？

看开了，看穿了，人的生命就获得了自由和解脱，从斤斤计较的小圈子里走出来，不在小事情上浪费自己，而能务其大者、远者，创造人生的远景宏图。人生旷达了，心智自然也就不会劳累，就不会活得那么拘谨和痛苦。

5. 无非名和利，不过一碗饭

> 每个人都有自己生活的目标，其实本质上"无非名和利"。当你受苦受累受委屈的时候，不妨想想"不过一碗饭"、"不过一念间"，这时，你的心或许会更容易释然。

我们为谁活着？如果搞不清楚这个问题，我们很难获得更多的快乐。

童年时代，我们发愤读书，是为父母的颜面而活。为了做乖孩子，不让父母费心，我们要压抑自己的喜怒哀乐，不让自己成为与众不同的另类……

青年时代，我们为了吃饭谋生，可以牺牲自己的最爱，干自己不喜欢的工作，嫁自己不是最爱的人。我们可以经常强颜欢笑，为了自己的饭碗，为了自己的家庭，为了……

中年时代，我们容颜渐衰，升官已无望，发财成泡影，可儿女已长大，要读书，要供他们上小学，上中学，他们争气，我们要砸锅卖铁供他们上大学，哪怕累得筋疲力尽，也在所不惜。他们不争气，我们要苦口婆心，劝导他们少壮不努力，老大徒伤悲，为他们的学习请老师，请家教，上各种补习班。还要忍受他们青春期的叛逆，将自己变成一个默默无闻的幕后经济支柱。父母也越来越老，不能在操劳，各种疾病开始青睐他们，纷纷踏至而来。他们变成了需要我们照顾的老小孩，见到我们开始絮絮叨叨总认为自己浑身都有毛病，总希望子女守在身边问寒问暖。我们何尝不想，可是我们要工作，要挣钱，孩子上学要花，老人看病要花，人际交往的各种事情要花，各种名目繁多的培训要花，而且，随着我们岁数的增长，我们在领导眼里也变得一文不值，难呀！

我们为谁活着？为孩子，为家人，为面子，还是为了活着而活着？

无非名和利

我们究竟是在为谁而活着？我们为什么从小开始就忙忙碌碌，长大后还要把自己弄得疲惫不堪，却又自罢不能？也许下面纪晓岚说的一句话能给你找到一个参考答案。

据说乾隆皇帝当年巡察江南时，看到江面上千帆竞渡，不禁好奇地问左右：

"江上熙来攘往者为何？"

陪伴一旁的大学士纪晓岚随口就答道：

"无非为名、利二字。"

纪晓岚一语道破天机，看透人生奥秘。

我们为谁活着？我们在忙什么？我们确实是在为家人活着，但更是为了自己的名和利而活着而忙碌！

不过一碗饭

我们为谁活着？表面上看是在为家人活着，为自己活着，实际上是在为了名和利在活着。为了名和利，我们可以活得很忙碌，活得很疲累，活得失去了自己。然而，**名和利再多，我们抓在手上的又有什么呢？名气再大，死后也只不过占据棺材大小甚至骨灰盒大小的位置；金钱再多，一顿饭也吃不了多少！**

拼命追名逐利的人，不妨看看这个故事。有两个工作不如意的年轻人，一起去拜望一位高僧，请求他开示是不是该辞掉工作。高僧闭着眼睛，隔了半天只说了五个字："不过一碗饭。"两个年轻人都觉得自己顿悟了，知道自己下一步该如何抉择了，于是拜谢高僧就下山了。

回去后，其中一个人递上辞呈便回家种田了，而另一个却继续留在那家公司里。

十年过去了，回家种田的那位成为了农业专家，留在公司的那位成为了经理。

有一天两人相遇时，农业专家问经理："奇怪！师父告诉我们'不过一碗饭'，不过一碗饭嘛，有什么大不了的，何必硬留在公司里受气呢？所以我就辞职了。但你为什么没听师父的话呢？"

经理听了，笑道："师父说'不过一碗饭'。意思是说，不过就是为了混一碗饭吃吗，只要少赌气，少计较就成了，所以我就按师父的意思来做的啊！"

农业专家和经理都对对方的理解不认同，于是便再次相携去拜望高僧，想弄明白这位师父的话到底是什么意思。

过了十年，高僧师父已经很老了，仍然闭着眼睛，隔了半天，才答了五个字："不过一念间。"然后挥挥手，让两人离开。

人活着，无非名和利，不过一碗饭！ 饭是每个人每天都要吃的，这没有任何理由，因为你要生存，而且有时候吃饭也是一种享受。所以就工作而言，这碗饭的意义可是非同寻常。

在没有条件选择那碗饭的情况下，你不妨委曲求全，静待时机，想一想"不过一碗饭"、"不过一念间"的道理。当你有能力和机会选择那碗饭的时候呢？面临不同的选择，但是新的选择又要承担风险的时候呢？是选择"混"碗饭吃还是挣口饭吃？

每个人都有自己生活的目标，其实本质上"无非名和利"。当你受苦、受累、受委屈了的时候，不妨想想"不过一碗饭"、"不过一念间"，这时，你的心或许会更容易释然。

生命很短暂

活着，无非名和利，不过一碗饭。生命看似很漫长，其实很短暂。

有一天，一名旅行者来到一个地方。走着走着，他看见不远处有一条小路蜿蜒而上，隐没在绿色的树林中。于是他循路走去，来到了一道栅栏前。只见木门敞开着，他就顺着石铺的小径继续前行。

在树林间，散落着不少白色的石头。只见石头上刻有字迹："××，活了八年六个月零三天。"当他意识到这是一块墓碑时，心里不免一颤，一个孩子这么小就死了。他又转向另一块石头，上面刻着："××，活了五年八个月零三个星期。"看看周围，好像都是墓碑，原来这里是一块墓地。他又读了几块墓碑，都是一样的形式：一个名字，一个在世的时间。时间最长的只有十一年。他们的生命真是太短暂了，旅行者悲伤地哭了起来。

听到哭声，一位老人走了过来。他是负责看守这块墓地的。旅行者问："这里是不是发生过什么灾难？为什么这些死者全是孩子？是遭到什么可怕的诅咒吗？"

老人笑了笑说："别害怕，这里没有发生过什么灾难，也没有遭到什么可怕的诅咒。我们这里有一个古老的习俗，当一个人长到十五岁时，父母便会给他一个本子。从此，每当遇到快乐的事情时，他就打开本子，把它记下来。在左边写上因为什么快乐，右边写上这个快乐持续了多长时间。例如，他遇到了未婚妻，陷入到了热恋，这个相识的快乐持续了多长时间，是一个星期还是三个星期。他第一次亲吻她，他的妻子怀孕了，孩子出生了，他出门旅游，在他乡遇到了旧识。这些都带给他多长时间的快乐，是几个小时还是几天？就这样，他一点一滴地在本子上记下了经历过的每一次快乐。当他离开人世的时候，按照我们的风俗，人们打开他的本子，把他快乐的时间加在一起，算出总和，然后把这个时间刻在他的墓碑上。在我们看来，这个时间才是一个人的生命时间。"

你尝试过把自己的快乐记下录来吗？我们的"生命时间"又有多长呢？我们的生命其实很短暂，既然如此，我们为什么不尽量增加自己的快乐而减少自己的不快呢？

6. 青山遮不住，毕竟东流去

> 青山遮不住，毕竟东流去。该发生的你怎么阻挡也阻挡不了，不会发生的你再努力也没有用。把当下的事情做好了，就无怨无悔。

生与死是佛学中最热点的话题，因为每个人都会关心生死之事，领悟了生死之事才能真正地成佛。

弟子向禅师问道："师父，您能不能谈一谈关于生死的事？"

禅师说："你死过吗？"

弟子说："我没有死过，所以才向师父请教。"

禅师说："如果你想知道生死之事，那么你只有亲自死一回才能知道。"

弟子说："难道非要亲自死一回，才能真正悟到吗？"

禅师说："生死之事，说深奥很深奥，说浅显很浅显。说深奥，是因为'生死'二字，即使是写上万卷之书，亦难以解释清楚；说浅显，是因为只需一句话即可以说清楚，它就是'青山遮不住，毕竟东流去'！"

弟子默然。矣后，顿悟。

关于生死之事，其实完全不必要担心，要知道该来的终归会来，不会来的追也追不到。生死乃是自然规律，无须有压力，也无须太在意，因为"青山遮不住，毕竟东流去"。

"青山遮不住，毕竟东流去"这句话出自辛弃疾的《菩萨蛮》，这首词全文为："郁孤台下清江水，中间多少行人泪，西北望长安，可怜无数山。青山遮不住，毕竟东流去，江晚正愁予，山深闻鹧鸪。"

"青山遮不住，毕竟东流去"这句话道破了一个客观真理，也说破了一层天机。辛弃疾身处腐宋之世，有心杀敌，但无力回天，正是这样残酷的经历，使他对世事洞察彻底。历史大潮可谓浩浩荡荡，汹涌东去，势不可挡，既使几座青山使它拐几个弯，但直泄东海的大势是任何人也改变不了的。

"青山遮不住，毕竟东流去"也是一种博大的胸怀，和对人生的一种清醒的认识。它启示我们，**人要正确地看待自己，正确地确定位置，要顺应人生规律，走好人生的旅途。不要不知轻重，不知进退，不知好歹，不知死活。**所以说，这是一层天机。可惜，执迷不悟的人、被权、钱、色迷住心窍的人都很难参得透。

今天再努力，也扫不完明天的落叶

有个小和尚，每天早上负责清扫寺庙院子里的落叶。

清晨起床扫落叶实在是一件苦差事，尤其在秋冬之际，每一次起风时，树叶总随风飞舞落下。

每天早上都需要花费许多时间才能清扫完树叶，这让小和尚头痛不已。他一直想要找个好办法让自己轻松些。

后来有个和尚跟他说："你在明天打扫之前先用力摇树，把落叶统统摇下来，后天就可以不用扫落叶了。"

小和尚觉得这是个好办法，于是隔天他起了个大早，使劲地猛摇树干，这样他就可以把今天跟明天的落叶一次扫干净了。一整天小和尚都非常开心。

第二天，小和尚到院子一看，不禁傻眼了，院子里如往日一样落叶满地。

这时老和尚走了过来，对小和尚说："傻孩子，无论你今天怎么用力，明天的落叶还是会飘下来。"

小和尚终于明白了，**世上有很多事是无法提前的，唯有认真地活好当下，才是最真实的人生态度。**"青山遮不住，毕竟东流去。"该发生的你怎么阻挡也阻挡不了，不会发生的你再努力也没有用。把当下的事情做好了，就无怨无悔。

青春很易逝，珍惜当下才能少些追悔

"孩子，趁年轻，何不埋头苦干，以成就一番事业呢？"有位老人劝告一位少年。

少年满不在乎地回答说："何必那么急呢？我的青春年华才刚刚开始，时间有的是！再说，我的美好蓝图还未规划好呢！"

"时间可不等人啊！"老人说，并把少年引到一个伸手不见五指的地下室里。

"我什么也看不见啊！"少年说。

老人擦亮一根火柴，对少年说："趁火柴未熄，你在这地下室里随便选一件东西出去吧。"

少年借助微弱的亮光，四处努力辨认地下室的物品，还未等他找到一样东西，火柴就燃尽了，地下室顿时又变得漆黑一团。

"我什么也没拿到，火柴就灭了！"少年抱怨道。

老人说："你的青春年华就如同这燃烧的火柴，转瞬即逝，朋友，你要珍惜啊！"

人生说短不短，长寿者亦能活到百岁；说长不长，弹指一挥间。只是，"青山遮不住，毕竟东流去"，若是待走到生命的终点，才后悔所走过的人生，就为时已晚了。与其到那时后悔，不如今天多做一点，至少回首的时候苦乐参半，眼泪与笑脸并存。少一分遗憾，就多了一分回味。

7. 苦难很肥沃，滋润人成长

降临到你身上的苦难，常常是上天要把你的心志磨砺得更加坚强，成长得更加挺拔。苦难对于一个乐意和迫切成长的人来说，是非常有营养的补品！

寒冬腊月，一个名为"滴水"的和尚去天龙寺拜见仪山禅师。外面下着很大的雪，可是仪山禅师却不让他进门。那个和尚就在门外一直跪着，这一跪就是三天。仪山的弟子看他可怜，纷纷为他求情。可是仪山说："我这里不是收容所，不收留那些没有住处的人！"弟子们没有办法，只好纷纷走开。

到了第四天的时候，那个和尚身上皲裂的地方开始流血，他一次次地倒下又重新起来，但他依然跪在那里，雷打不动。仪山下令弟子："谁也不准开门，否则就将他逐出门外！"

七天后，那个和尚支撑不住，倒了下去。仪山出来试了一下他的鼻子，尚且有一丝呼吸，于是便下令将他扶了进去。滴水终于进了仪山门下参学。

有一天，滴水和尚向仪山禅师问道："无字，与般若有什么分别？"

话刚说完，仪山就一拳打了过来，并大吼道："这个问题岂是你能问的？滚出去！"

滴水被仪山的拳头打得头晕目眩，耳朵里只有仪山的吼声，忽然间，滴水想通了："有与无都是自己的肤浅意识，你看我有，我看我无。"

还有一次，滴水感冒了，正在用纸擦鼻涕的时候，被仪山看到了，仪山大声喝道："你的鼻子比别人的血汗珍贵？你这不是在糟蹋白纸吗？"滴水便不敢再擦了。

很多人都难以忍受仪山的冷峻，可滴水却说："人间有三种出家人，下等僧利用师门的影响力，发扬光大自己；中等僧欣赏家师的慈悲，步步追随；上等僧在师父的键锤下日益强壮，终于找到自己的天空。"

滴水和尚后来果然成为一代得道高僧。

向你挥来的鞭子，常常是要你把头抬得更高，背脊挺得更直。

降临到你身上的苦难，常常是上天要把你的心志磨励得更加坚强，成长得更加挺拔。苦难对于一个乐意和迫切成长的人来说，是非常有营养的补品！

知道生命意义的人，再多的苦也能承受

尚书前去拜见景岑禅师，一番问候之后，尚书开口问道："本性是什么？"

这个问题确实很难回答。

景岑禅师不禁想到这样一件事：有一天傍晚，他看到一个孕妇背着一只竹篓走过，她衣着破旧，脚上落满土垢，竹篓好像很重，压得她直不起腰来。她左手牵着一个小女孩，右臂揽抱着一个更小的孩子，急忙地赶路。

景岑禅师本以为这样沉重的生活一定会让她不堪重负的，可是她的脸上明明写着像明月一样温婉的笑容。

她只是一个普通的女人，为了生活辛苦奔劳，但是她知道自己的人生寻求的是什么，所以她不但没有觉得劳苦，反而感到十分快乐。

想到这里，景岑禅师终于明白了什么是本性。看着眼前的尚书，禅师开口叫唤："尚书！"

尚书双手一揖："是！"

景岑禅师摇摇头说道："回答我的只是一个躯壳，而不是一个清明的生命。"

尚书低头想了想，眼中云雾迷茫："只有躯壳有口舌，才能回答你的话呀！清明的生命哪里来的口舌？"

景岑禅师点点头："是否回答都没有关系，关键是要自己觉悟。**要明白自己的目标，不要弄错了人生的意义。弄错了生活方式，只能徒然使自己成为生命的奴隶！**"

知道自己生命的意义的人，即使是再多的苦难，也能够承受；不知道自己本性的人，只不过是行尸走肉而已！

知道人生痛苦的人，再多的苦也能坚持

有座泥像看着过往的人群，产生了无比的羡慕，于是便向佛陀呼救："请让我变成人吧！"

"你要想变成人也可以，但你必须先跟我试走一下人生之路。假如你承受不了人生的痛苦，我将马上把你还原。"佛陀说完，手臂一挥，泥像真的变成了一个青年。

于是，青年跟随佛陀来到悬崖边。只见两座悬崖遥遥相对，此崖为"生"，彼崖为"死"，中间由一条长长的铁索桥连接着。这座铁索桥由一个个大小不一的铁环串联而成。

"现在，请你从此岸走向彼岸吧！"

青年于是战战兢兢地踩着一个个大小不同链环的边缘前行。然而，一不小心，他便跌进了一个铁环之中，两腿顿时失去了支撑，胸口被链环卡得紧紧地，几乎透不过气来。青年大声呼救："快救命啊！"

"请君自救吧。在这条路上，能够救你的，只有你自己。"佛陀在前方微笑着说。

青年扭动身躯，拼死挣扎，好不容易才从痛苦之环中解脱了出来。"你是个什么链环，为何卡得我如此痛苦？"青年愤然道。

"我是名利之环。"脚下的链环答道。

青年继续朝前走。忽然，隐约间，一个绝色美女朝青年嫣然一笑，青年飘飘然，一走神，脚下一滑，又跌入到了一个环中。青年惊恐地再次呼救："救……救命啊！"

这时佛陀再次在前方出现，说道："在这条路上，没有人可以救你，只有你自己自救。"

青年拼尽全力，总算从这个环中挣扎了出来，然而这时他已累得精疲力竭，便坐在两个链环间边休息边想："刚才这是个什么痛苦之环呢？"

"我是美色链环。"脚下的链环答道。

接下来，青年又掉进了贪欲的链环、妒忌的链环、仇恨的链环……等他从这些痛苦之环中挣扎出来时，已经没有勇气再走下去了。

于是，佛陀就对他说："人生虽然有许多的痛苦，但也有战胜痛苦后的轻松和欢乐，你难道真的愿意放弃人生吗？"佛陀问道。

"人生之路痛苦太多，欢乐和愉快太短暂了，我决定放弃人生，还是去做我的泥像吧！"青年毫不迟疑。佛陀长袖一挥，青年又还原为了一尊泥像。然而不久之后，泥像便被一场大雨冲成了一堆烂泥。

泥像变成的青年，并没有懂得**人生旅途中痛苦是难以避免的，而且经历过痛苦，才能珍惜轻松和快乐的美好**。如果知道了这一点，青年就一定能坚持下去，演绎更多更精彩的人生。

Chapter II

烦恼源于爱比较，
痛苦皆因不知足

财富、地位、名利，这些让很多人欲罢不能的东西，其实只是生活的装饰、生活的虚相而已，并不是生活本身。

1. 活得痛苦，
是因为你追求错误的东西

> 生活原本没有痛苦，没有烦恼，没有忧愁，当欲望太多，计较太多，背负太多时，痛苦、烦恼、忧愁和沉重便产生了。欲望越多，痛苦便越多，幸福便越远离。

从前，有个百万富翁，每天让他劳神费心的事情跟他拥有的财富一样多。所以，他每天都愁眉紧锁，难得有个笑脸。

百万富翁的隔壁，住着磨豆腐的小俩口。曾有谚语说，人生三大苦，打铁撑船磨豆腐。但磨豆腐的这小俩口却乐在其中，一天到晚歌声、笑声、逗乐声不断地传到百万富翁的家里。

百万富翁的夫人问老公："我们有这么多钱，怎么还不如隔壁家磨豆腐的小俩口快乐呢？"百万富翁说："这有什么，我让他们明天就笑不出来。"

到了晚上，百万富翁隔着墙扔了一锭金元宝过去。第二天，磨豆腐的小俩口果然鸦雀无声。原来这小俩口正在合计呢！他们捡到了"天下掉下来的"金元宝后，觉得自己发财了，磨豆腐这种又苦又累的活儿以后是不能再做了。可是，做生意吧，赔了怎么办；不做生意吧，总有坐吃山空的一天。

丈夫心里还想，生意要是做大了，是该讨房小的呢还是该休了现在这个黄脸婆；妻子则在琢磨，早知道能发财，当初就不该嫁给这臭磨豆腐的。

寻思呀、琢磨呀，之前快乐得很的小俩口现在却谁也没有心思说笑了，烦恼已经开始占据他们的心。更令小俩口痛苦的是，为什么天上不能多掉几个金元宝呢，这样就能想买什么就买什么了啊？

生活原本没有烦恼，当欲望之火被点燃后，烦恼就来敲你的心门了。生活原本没有痛苦，当你开始计较得失，贪求更多时，痛苦便来缠身了。

人之所以痛苦，在于追求错误的东西

人之所以痛苦，在于追求错误的东西；人之所以烦恼，在于对生活舍本逐末。

有一天，几位分别了多年的同学相约去拜访大学时的老师。

老师见了大家后很高兴，问他们生活得怎么样。没想到，这一句话就勾出了大家的满腹牢骚。大家纷纷诉说着生活的不如意：工作压力大呀，生活烦恼多呀，做生意的商战失利呀，当官的仕途受阻呀……仿佛都成了时代的弃儿。

老师笑而不语，从厨房里拿出了一大堆杯子，然后摆在茶几上。这些杯子各式各样，形态各异，有瓷器的，有玻璃的，有塑料的，有的杯子看起来豪华而高贵，有的则显得普通而简陋……

老师说："大家都是我的学生，我就不把你们当客人看待了。你们要是渴了，就自己倒水喝吧。"

众人正好都说得口干舌燥了，便纷纷拿了自己看中的杯子去倒水喝。等大家手里都端了一杯水时，老师说话了。他指着茶几上剩下的杯子说："你们注意了没有，你们手里的杯子都是最好看、最别致的杯子，而像这些塑料杯却没有人去选它。"

当然，大家对此都不觉得奇怪，因为谁不希望自己拿着的是一只好看的杯子呢？

老师继续说："这就是你们痛苦和烦恼的根源。大家需要的是水，而非杯子，但我们总是会有意无意地去选择漂亮的杯子。这就如同我们的生活——如果生活是水，那么工作、金钱、地位这些东西就是杯子，它们只是我们盛起生活之水的工具。其实，杯子的好坏，并不影响水的质量。如果将心思花在杯子上，我们哪里还有心情去品尝水的苦甜啊。这，不就是自寻烦恼吗？"

财富、地位、名利，这些让很多人欲罢不能的东西，其实只是生活的装饰、生活的虚相而已，并不是生活本身。可惜，很多人把生活的重点放错了，忘记了此生的目的，把心思都放在了追求错误的东西上，痛苦自然难免。

真正的幸福，是杯子里的水，而不是装水的杯子。

人之所以疲累，在于想拥有的东西太多

满足不在于多加柴草，而在于减少火苗；不在于积累财富，而在于减少欲念。

据说造物主在创造蜈蚣时，并没有为它造脚，但它仍可以爬得和蛇一样快。

有一天，它看到羚羊、梅花鹿和其他有脚动物都跑得比自己快，心里很不高兴，便说："哼！脚愈多，当然跑得愈快啊。"

于是，他向造物主祷告说："造物主啊，我希望拥有比其他动物更多的脚。"

造物主答应了蜈蚣的请求。他把很多很多的脚放在了蜈蚣面前，任凭它自由取用。

蜈蚣迫不及待地拿起这些脚，一只一只地往自己身体上贴去，从头一直贴到尾，直到再也没有地方可贴了，它才依依不舍地停止。它心满意足地看着满身是脚的自己，暗暗窃喜："现在我可以像箭一样飞出去了！"

然而，等它想要开始跑步时，它才发现自己完全无法控制这些脚。这些脚都在各走各的，所以蜈蚣一定要全神贯注，才能使一大堆脚不致互相绊跌而顺利地往前走。这样一来，它走得比以前更慢了，而且还累得够呛。

贪多的人，虽然表面上看得到了很多，但事实上最后得到得更少，还有可能成为痛苦的奴隶。很多时候，人之所以活得疲累，不是因为拥有的东西太少，而是想要的东西太多。只有懂得把握分寸，适可而止，生活平衡，才能享受到更多的幸福与快乐。

人之所以不快乐，在于活得还不够简单

有些人整天说自己不快乐，缺幸福，烦恼缠身，却又不知道是什么原因造成的。其实，很多时候，人之所以不快乐，并不是因为快乐的条件还没有齐

备，而是因为活得还不够简单。

有个富人尽管拥有很多财富，但却总感觉不到快乐。他已经厌倦了当下的生活，便决定到美丽而神秘的远方去寻找快乐。一天，富人背上许多金银珠宝出发了，他要去远方寻找快乐。

背负沉重包袱的他上路了。可是，他发现自己走得越远就越是烦躁，觉得根本就不可能有所谓的快乐。走遍了千山万水的他，累得气喘吁吁，根本就没有心思去欣赏野外的风景，体会那闲云野鹤般的悠闲自在。

一天，一位衣衫褴褛的农夫唱着山歌从对面走了过来。富人忍不住问农夫："你看上去很快乐，对吗？"

"呵呵！是的，我觉得自己很快活！我刚从田地里回来，我的秧苗又长高了一截；在路上，我又幸运地捡到了一些柴火和蘑菇！"

"我什么都不缺，你看我背上有这么多宝贝，可我就是感觉不到快乐，你能告诉我快乐的秘诀吗？"

农夫憨厚地笑了笑说："哪里有什么秘诀啊？想快乐很简单啊，只要你把背负的东西放下来就可以了。"

富人忽然顿悟。是啊，自己背着那么沉重的金银珠宝，腰都快被压弯了，而且一路上担心的事情也太多了：晚上住店时害怕财物会被人偷走，白天走在大路上担心身上的东西被别人抢了去，带着太重不方便，丢下又舍不得。自己成天如此忧心忡忡、惊魂不定，又怎么能快乐得起来呢？如果自己只带够用的银两，然后把心思单纯地放在欣赏身边的自然风光上，或者把身上的金银财宝分发给穷人，让别人得到快乐，也许自己不但能轻松，也能获得快乐！

富人真的这样做了，结果他发现，没有了沉重的包袱，他因获得了轻松而快乐，另外，他还因为帮助了别人而快乐。原来，快乐是如此简单，只要懂得放下，只要学会分享！

为什么孩子们总是快乐的？因为他们思想单纯，生活简单。对于一个喜欢零食的孩子来说，一座金山也不如一包糖果能令他快乐；对于一个喜欢在野外玩的孩子来说，一团可以变幻出各种玩具的黏土胜过满屋子的高级玩具。快乐其实很简单，生活原本没烦恼。想想自己当孩子的时候是多么地容易快乐，就会明白幸福的源泉在哪里了。

看开，想开，烦恼走开

　　每个人都背着一个空行囊在人生的旅途上行走。一路上，人们会捡拾很多东西——地位、权力、财富、友谊、爱情、责任、事业……一路捡拾，于是行囊便渐渐被装满了。由于沉重，快乐也就渐渐地消失了。

　　生活原本没有痛苦，没有烦恼，没有忧愁，当欲望太多，计较太多，背负太多时，痛苦、烦恼、忧愁和沉重便产生了。欲望越多，痛苦便越多，幸福便越远离。

　　只有懂得节制欲望的人，才能享受到人生的真正乐趣；只有懂得不去计较的人，才能享受到左右逢源的和谐；只有懂得放下自己的人，才能享受到生活的自在从容。

2. 只要无所索求，
就会有充足的从容与自信

> 生命的最高境界，其实应该是无求、无争、无价、安宁和幸福。财色与名利，只不过是人生的泡沫与尘灰而已，何必抵死相争呢？

有一个穷人，从来不会去奉承富人。因此富人对此很恼怒，便责问他："我富你穷，为什么你不来奉承我？"

这个穷人说："你富你的，你的钱又不分给我，为什么要我奉承你？"

富人表示愿意把自己的钱的一成给穷人，来换取穷人对自己的奉承。

穷人说："只给一成，不公平，不干。"

富人说："那给一半，行不行？"

穷人说："如果你给了一半财产予我，我们双方平起平坐了，我还用得着奉承你吗？"

富人说："那全给你呢，你总该奉承我了吧。"

穷人说："这么一来，我富你穷，应该轮到你奉承我了吧？"

如果你认为自己现在还处于穷人的位置，当你面对富人时，你是否有这个穷人般的自信和淡定？其实，**只要你无所索求，你就会拥有充足的自信，去面对所有的人。要知道，人到无求品自高，人到无求自从容。**

只有自在，才是生命的至宝

游方和尚问曹山禅师："人世间最珍贵的东西是什么？"

曹山禅师抬眼远眺，只见树的枝桠上悬挂着一团黑色的尸体，于是说道：

"死猫的头最珍贵！"

和尚圆睁双眼不解地问道："为什么呢？为什么世人认为一钱不值的东西，禅师竟认为是人间最珍贵的？"

曹山笑着说："树因为根大枝弯，世人因为看它无用，它便得以生存；栎树虽然一表树才，但是做船船沉，做棺腐朽，造器具即折毁，当屋柱生蛀虫，完全没有用处，唯一有用的就是可以用来乘凉。正是因为它们无用所以才珍贵！死猫儿头最贵，因为没有人出价争夺，也没有人出得起性命价钱啊！"

世人贪名逐利，你欺我骗，斤斤计较于成败得失。君不见，一串珍贵珠宝，亦会勾得多少人争夺？一方官印，亦能引起多少次干戈？可惜，把生命都耗费在名利上，到头来恐怕是一场空。

也许，世俗无价值的清明自在，才是生命的至宝，因为它让我们不会感觉到空虚寂寞，不受世俗伤害，能够看到生命的本源，找寻到人生的快乐。生命的最高境界，其实应该是无求、无争、无价、安宁和幸福。财色与名利，只不过是人生的泡沫与尘灰而已，何必抵死相争呢？

只有乞丐，才会不断地索取

有两个人死后来到了阴曹地府，阎王查看过功德簿后说："你俩前世未作大恶，准许投胎为人。但是现在只有两种人可供选择：付出的人和索取的人。也就是说，一个人必须过不断付出、给予的人生，另一个则必须过索取、接受的人生。"

甲暗想：索取、接受就是坐享其成，太舒服了！于是他抢先道："我要过索取、接受的人生。"

乙见此情景，别无选择，就表示甘愿过不断付出、给予的人生。

结果，甲要过索取、接受的人生，投胎转世后，成了一个乞丐，每天都在索取和接受。而乙呢，因为选择付出、给予的人生，转世后，变成了一个富人，每天都在给予和付出。

精彩的人生是奉献和付出的人生，只有乞丐才会去不断的索取。世间绝没有无付出的回报，也绝没有无回报的付出。

只有无求，才会不遭遇痛苦

在希腊神话中有三个女神：希腊主神的妻子朱诺、雅典城的守护神雅典娜和爱神维纳斯。她们三个人一向自认为自己最美，在争执不休之下，便请特洛伊城的王子评定谁最美。在评定前，三位女神分别去贿赂特洛伊王子。朱诺许诺要给王子全世界最多的金子和财富；雅典娜要给他全世界无人能及的智慧，让他成为最聪明的人；维纳斯则说可以给他全世界最美的女人。特洛伊王子想，我已经是个王子，财富不少，而当个聪明人又能干什么呢？所以决定把金苹果给维纳斯，希望得到全世界最美的女人。最后，他得到了海伦，而希腊人为了得到美人海伦，便去攻打特洛伊城。特洛伊王子就这样为自己和国家招来了灾祸。

如果这个问题问到每一个，你我会做出怎样的选择？也许选财富或者聪明的人都不在少数。当然，那些拥有"爱江山更爱美人"性格的人，会首选美人。

要是我们执著地思考和归纳人生，最后总会发现人生其实是很痛苦的，因为有很多问题是不能解决的。佛祖释迦摩尼讲生、老、病、死都是痛苦的，佛家还提到"怨憎会"，一个自己不喜欢的人老是如影随形地跟在旁边，分也分不了，这是一种痛苦；还有"爱别离"，和自己亲密的人分离也是痛苦；还有"永不得"，想得到的东西总是得不到，想研究的某种学问老是弄不懂，想考的大学却考不进去，做生意想赚一笔钱却赚不到，想发展的很好却不成功……总之，世界上很多事情求之不得，因为求不得而有痛苦。

对于以上问题，佛家的解决方法是"得智慧"。得智慧后便拥有了佛眼，便能看破了人生的痛苦之无可避免，这些痛苦的事情就能解决。智慧与聪明不同，聪明可以解决小问题，智慧却能解决大问题，如果实在求不得就不要求，不求就没有痛苦。

中国历史上有两个人看懂了这一点——范蠡和张良。他们都建立了很大的功业，但后来都功成身退，不贪财，不恋栈，不当高官，不食厚禄，而是带着漂亮老婆归隐山林，逍遥自在。

人到无求品自高。一个人如果不执著地追求一件东西，人品自然会高尚，想争取自认要委屈自己，到了什么都不追求的境界，人也就变清高、逍遥自在了。但要达到这种境界，仍要有很高的智慧。

3. 你不贪，
再高明的骗子也骗不到你

> 　　与其诅咒骗子的狡猾和诡谲，不如低下头来检视自己的心灵是否被一时的贪欲所蒙蔽。要知道，这才是一切骗术之所以成为"骗术"的根本！

　　在生活中，很多人都有过被骗的经历。许多骗术，与其说是骗子高明，不如说是受骗者自个儿愚蠢。**骗术之"骗"，要奏效，要百战百胜，无不"落实"在受骗者贪图利益、贪占便宜的心态上。**

　　有一对卖服装的兄弟在经营中常常借"耳聋"来促销，很是发了一笔财。两兄弟的办法是，总是安排一个人扮演成商店的雇员去热情地接待顾客，耐心细致地为顾客介绍某款衣服的特点。顾客觉得各方面都满意后自然就会询问衣服价格："这件衣服卖多少钱？"

　　"雇员"这时就把手放在耳朵边问道："您说什么？"

　　顾客提高声音问："这件衣服卖多少钱？"

　　"雇员"这时才仿佛明白顾客的意图，他立刻对顾客说："十分抱歉，我的耳朵有些背，等我问一问老板。"

　　他转身向里边的老板大声问道："老板，这件衣服卖多少钱？"

　　里面的老板站起来看了看服装，然后说："72元。"

　　"多少？""雇员"装作没听清，又问。"72元！"老板此时变声答道，很不耐烦的样子。"雇员"回头一脸笑容地对顾客说："42元一件。"很多顾客一听，赶紧掏钱买下这款衣服，然后匆匆离去。牢牢抓住了顾客贪便宜的心理，这对兄弟促销的"骗局"就这样一次又一次地得逞了。

　　在我们的生活经历中，是否也有这种趁着"别人"的"耳聋"占了几十、几百甚至几千、几万元的便宜还欣欣然而去的"片断"呢？如果有，那么八成你也被骗过了，等事后想来并不高明的骗术骗了。

当我们意识到被骗后，往往会大骂骗子的可恶。然而，与其诅咒骗子的狡猾和诡谲，不如低下头来检视自己的心灵是否被一时的贪欲所蒙蔽。要知道，这才是一切骗术之所以成为"骗术"的根本！

突然而至的好运往往是厄运

无果禅师为了专心参禅，在深山里一住就是二十余年，这些年来一对母女一直细心地照料他。然而20年来，他并没有取得太大的成就，他认为自己无法在这里修行得道，所以打算出去寻师访道，以解除心中的疑虑。

临行前，母女对他说："禅师，你再多留几日吧，路上风寒，容我们为你做一件衣服，再上路也不迟。"禅师盛情难却，只好点头答应。

母女二人回家后，马上着手剪裁衣服。衣服做好了，再包了四锭马蹄银，送给无果禅师做路费。禅师心怀感激，接受了母女二人的馈赠，于是收拾行李，准备第二天一早就走。

到了晚上，他坐禅养息，半夜里突然出现了一个童子，后面还有许多人吹拉弹奏，扛着一朵很大的莲花，来到禅师的跟前说："禅师，请上莲台！这就是你要去的地方。"

禅师心想："我的修行还没有达到这种程度，这种境况来得太早了，恐怕是魔境。"无果禅师于是就不再理会他，童子一再说："机会就只有这一次，错过了就再也不会有了。"万般无奈之下，无果禅师就把自己的佛尘插在了莲花台上。于是童子和诸乐人高兴地离去了。

第二天早上，禅师正要动身时，母女二人手中拿了一把佛尘，问道："这可是禅师之物？昨晚怎会从家中母马的肚子里生了出来？"

无果禅师听后异常吃惊，说道："若不是我定力深厚，今天已经是你们家的马儿了。"于是将马蹄银还予母女二人，作别而去！

千万不要被突然而至的好运所迷惑，因为突然而至的好运往往是不真实的，很可能是魔境和厄运。

最安全的办法是不去吃钓饵

　　小鱼问大鱼："妈妈，我的朋友告诉我，钓饵上的东西是最美的，可就是有一点儿危险。要怎样才能尝到这种美味而又保证安全？""我的孩子，"大鱼说，"这两者是不能并存的，最安全的办法就是绝对不去吃它。""可它们说，那是最便宜的，因为它不需要任何代价。"小鱼说。"这可完全错了，"大鱼说，"最便宜的很可能恰好是最贵的，因为它需要你付的代价是整个生命。你知道吗，它里面裹着一只钓钩呢！""要判断里面有没有钓钩，必须掌握什么样的原则呢？"小鱼又问。"那原则其实你都说了。"大鱼说，"一种东西，味道最美，又最便宜，似乎不用付出任何代价，这时钓钩很可能就藏在里面。"

　　这是一个关于鱼的故事，更是一个关于人的故事。人生常常面临着各种各样的诱惑：美味的诱惑，金钱的诱惑，权力的诱惑，机会的诱惑……这种种诱惑，只要不是耕耘的必然回报，只要不是汗水的必然收获，它就绝对是别人或者苍天垂下的"钓饵"。可惜，并不是每个人都能看破这一点。许多人就像那水中的小鱼，对这些"钓饵"垂涎三尺。贪欲使他们不愿意放过任何可以捞油水的机会，他们相信总会有办法既占到便宜又能避开危险。于是，悲剧就同时在水里和岸上上演了：水里，一条又一条小鱼上了钩，成了垂钓者的下酒菜；岸上，一个又一个人被"饵料"套牢，成为挡不住"诱惑"新的牺牲品。

　　被贪欲蒙蔽的心灵必定会有侥幸之树疯长，被贪欲蒙蔽的眼睛必然会对钓钩视而不见。有谁见过人世间的贪官贪着贪着就突然金盆洗手脱饵而去的？只有在身陷囹圄或者走向刑场时，他们才会对"美味"后埋伏着的大危险有所领悟。

　　"一种东西，味道最美，又最便宜，似乎不用付任何代价，这时钓钩很可能就藏在里面。"大鱼的这一无价的心得，来自于它的千千万万因贪饵而吞了钩的同类的血的教训。要想让你的人生不遭遇危险的陷阱，不妨也记住大鱼的话，"最安全的办法就是绝对不去吃它"。

4. 贪欲过盛，
就等于给自己戴上了沉重的枷锁

> 贪欲过甚，不但是在为自己戴上了一个沉重的无形枷锁，有时候甚至会夺走你的生命，而这无疑是对一个人最大的损失。

有个人穷得连床也买不起，家徒四壁，只有一张长凳，他每天晚上就在这条长凳上睡觉。这个人很吝啬，虽然他也知道自己的这个毛病，但就是改不了。

他向佛祖祈祷："如果我发财了，我绝对不会像现在这样吝啬。"

佛祖看他可怜，就给了他一个装钱的口袋，说："这个袋子里有一个金币，当你把它拿出来以后，里面又会有一个金币，但是当你想花钱的时候，只有把这个钱袋扔掉才能花钱。"

于是，这个穷人就不断地往外拿金币，整整一个晚上都没有合眼，只见地上从里到外都是金币。这一辈子就是什么也不做，这些钱也已经足够他花的了。然而，每次当他决心要扔掉那个钱袋的时候，都舍不得。于是，他就不吃不喝地一直往外拿着金币。即使屋子里已经装满了金币。他还是对自己说："我不能把袋子扔了，钱还在源源不断地出来，还是让钱更多一些的时候再把袋子扔掉吧！"

最后，他都虚弱得没有把钱从口袋里拿出来的力气了，他还是不肯把袋子扔了。终于，他死在了钱袋的旁边，而这时屋子里装的全都是金币。这个穷人虽然拿出来了堆积如山的金币，却不知道这些钱只有花掉才是属于自己的，而要花掉这些钱，他必须先把口袋扔掉。他舍不得口袋，所以也就不能真正地得到金币。

贪欲过甚，不但是在为自己戴上了一个沉重的无形枷锁，有时候甚至会夺走你的生命。而这无疑是一个人最大的损失。

贪欲是束缚人最好的绳子

张三和李四是邻居，他们都养了几只猴子，以耍猴谋生。

张三的生意很火，因为猴子很敬业也很听话，所以帮张三赚了不少钱；李四却不行，他的猴子经常消极怠工，还时不时地有猴子逃走。李四请工匠加固了猴舍，还在每个猴子的脖子上都加了一道绳索束缚，但仍然收效不大。无奈之下，他去找张三取经。

在张三家待了半天，李四也没有发现张三有什么绝招，对猴子该打就打，该骂就骂，和自己没有什么两样。然而，到了吃饭时间李四才发现有些不同，只见张三准备了许多香蕉、葡萄等新鲜水果的模型，惟妙惟肖，比真的还多了几分水灵。吃饭的时候，老张总是先把模型摆出来，然后才拿出真正的水果喂猴子，喂完猴子，就拿起水果模型，向猴子晃一晃，才小心地放回到屋里。

李四不解地问张三："你摆这么多水果模型干什么？虽然漂亮，但是既不能吃又不能嚼的啊。"

张三轻轻一笑，说："虽然不能吃不能嚼，但可以激起猴子的欲望，想着这些新鲜的水果，就有了工作的动力和忍受委屈的理由。所以，我的猴子一般不会逃走，因为一旦逃走，它就永远失去了拥有这些新鲜水果的机会。"

李四恍然大悟：束缚猴子最好的手段不是勒紧它脖子上的绳子，而是吊起它心头的欲望，使其贪婪起来。束缚人不也是这样吗？

如果有人吊起了你心头的欲望，你就相当于被别人用绳索束缚住了，戴上了枷锁，从此自由受限，再也难以自在清明了。

贪欲是勾引人进"围栏"的诱饵

在一座森林里，有几只野猪，非常地凶悍，经常威胁到森林边上的村里人的安全，但受害最大的是经过森林的人，几位有经验的猎人很想捕获它们，但这些野猪却很狡猾，从不上当。

一天，一个老人领着一匹拖着两轮车的毛驴，走进了野猪出没的村庄。车上装的是木料和谷粒。老人告诉当地人说他要帮他们捉野猪，早已失望至极的人们不相信，甚至嘲笑他，因为他们认为既然年轻力壮、经验丰富的猎人都做不到的事，一位白胡子老头又怎能做到。

但老头还是进了森林，他首先寻找到野猪经常出没寻食的地方，然后就在空地中央撒少许谷粒作为陷阱诱饵。那些野猪起初吓了一跳，可经不住诱惑，好奇地跑了过去，由领头野猪开始闻味道，然后猛尝一口，其他猪也跟着吃了起来。第二天，老人又多加了些谷粒，并在几尺远的地方竖起一块木板。那木板吓跑了野猪，但是谷粒的美餐，大大地吸引着那些猪，不久，又返回来吃了。这样，老人每天在谷粒周围多加进一些木板，每次野猪总会远离一阵子，但最终还是会走进去吃谷粒。

两个月后，围栏做好了，而那些野猪照样无所顾忌的走进去，最终自然被关在了围栏里面。

世界上哪有白吃的午餐啊，天上掉馅饼的地方，地上往往是一个陷阱。贪欲过盛，"贪吃"过甚，最终会引导你走进"围栏"，再也走不出来，从此失去自由和幸福。

5. 山外有山，
要知道自己有几斤几两

"山外青山楼外楼，强中更有强中手。"目中无人，狂妄自大，自诩第一，只能惹人讥笑！人贵有自知之明，只有知道自己有几斤几两，才能有一颗谦虚的心，才能让自己更容易感受到快乐与幸福。

明朝有个浅薄的书生，刚学会写几句歪诗，就不知天高地厚，居然夸口自己比当时的大学者解缙的学问还要深。他给解缙出了个对联："牛跑驴跑跑不过马，鸡飞鸭飞飞不过雁。"

解缙并没有与之多言，只是回了一副对联给他："墙上芦苇，头重脚轻根底浅；山间竹笋，嘴尖皮厚腹中空。"

书生见罢，羞得满脸通红，无趣而回。书生的尴尬，在于他没有自知之明。

还有这样一则寓言：有一只小花狗站在放大镜前，看到了自己高大的身形，不禁得意："原来我是这般威严高大呀！"从此，它便目中无人地狂妄了起来。别人为了嘲弄它，给它看了一面缩小镜。当它看到镜中矮小的自己时，竟自惭形秽起来，从此不敢抬头见人。

人们看了这则笑话后，往往笑狗傻，原因是它缺少自知之明，不知道自己有几斤几两。其实，狗需要有自知之明，人更需要。

凡事要懂山外有山

道信禅师去拜访法融禅师，两人坐在青石上谈法。突然来了一只老虎，这只老虎是法融饲养的，他自然不怕，道信禅师其实心中也不害怕，但他故意装出一副害怕的样子。

法融见他这样，笑着说："你还有这个在吗？"道信禅师知道他指的是"恐惧感"。

学佛修禅，讲的是"平常心"，无论悲欢、喜忧、恐惧，都应该坦然处之。在法融看来，道信居然还有恐惧感在，那他修行的境界实在太浅了！所以法融就撇下道信，回禅堂去了。

法融走后，道信就在法融刚才坐过的地方写了个"佛"字，然后等法融回来。过了一会儿，法融从禅房里出来，看见道信还在刚才的地方静坐，觉得有些失礼，于是过去和道信谈话。刚准备坐，突然发现了地上的"佛"字，法融吓了一跳，说道："你这和尚，居然在我坐的地方写了个'佛'字，要是我没看见，坐下去的话，岂不是对佛的大不敬！阿弥陀佛，险些侮辱了佛祖。"

道信大笑说道："你还有这个在吗？不怕老虎，却怕这一个字！你的这个还在心中啊！**自心即是佛，平日坐卧就是佛法，处处受'佛'的束缚，岂能成佛？**"

法融当即悔悟，他明白了原来道信的功底远在自己之上，因此放弃了平生所学的那一派佛学，拜道信为师，成了他的弟子。

"山外青山楼外楼，强中更有强中手。"目中无人，狂妄自大，自诩第一，只能惹人讥笑！人贵有自知之明，只有知道自己有几斤几两，才能有一颗谦虚的心，才能让自己更容易感受到快乐与幸福。

凡事要能虚怀若谷

有个年轻人千里迢迢来到法门寺，对住持释圆说："我一心一意要学丹青，但至今还没有找到一个能令我满意的老师。"

释圆笑了笑，问道："你走南闯北十几年，真的没能找到一个令自己满意的老师吗？"年轻人深深地叹了口气说："许多人都是徒有虚名啊，我见过他们的画，有的画技甚至还不如我呢！"释圆听了，淡淡一笑说："老僧虽然不懂丹青，但也颇爱收集一些名家精品。既然施主的画技不比那些名家逊色，就烦请施主为老僧留下一幅墨宝吧。"说完便吩咐一个小和尚拿了笔墨砚和一沓宣纸来。

释圆又说："老僧的最大嗜好，就是爱品茗饮茶，尤其喜爱那些造型流畅的古朴茶具。施主可否为我画一个茶杯和一个茶壶？"年轻人听了，说："这还不容易？"于是调了一砚浓墨，铺开宣纸，寥寥数笔，就画出了一个倾斜的水壶和一个造型典雅的茶杯。那水壶的壶嘴正徐徐吐出一脉茶水来，注入到了那茶杯中去。年轻人问释圆："这幅画您满意吗？"

释圆微微一笑，摇了摇头说："你画得确实不错，只是把茶壶和茶杯放错了位置。应该是茶杯在上，茶壶在下呀。"年轻人听了，笑道："大师为何如此糊涂，哪有茶壶往茶杯里注水，而茶杯在上茶壶在下的道理？"释圆又微微一笑，说："原来你懂得这个道理啊！你渴望自己的杯子里能注入那些丹青高手的香茗，**但你总把自己的杯子放得比那些茶壶还要高，香茗又怎么能注入到你的杯子里去呢？涧谷把自己放低，才能吸纳别人的智慧和经验啊。**"

刚才还有些高傲自大的年轻人，听了释圆的话立时顿悟。海纳百川，有容乃大。江海能成为百谷之王，是因为它首先愿意身处低下。要想拥有百川的事业和辉煌，首先应拥有容得下百川的心胸和气量，这也是一种自知之明。

凡事要有自知之明

有只不可一世的狐狸，总认为自己是森林中最伟大的动物。

有一天下午，它独自散步。走着走着，它意外地发现了自己的身影很巨大。这个新发现让它很高兴，使它更相信自己是森林中最了不起的动物。

正在得意忘形之际，来了一只狮子。看到狮子时，它一点都不怕，它拿自己的影子和狮子的相比较，结果发现自己的影子比狮子的还大，就不理睬狮子，自得其乐地继续散步。没想到，狮子趁它毫无防备，一跃而上，把正在得意忘形的狐狸咬死了。

细看芸芸众生，我们发现越是肤浅的人，就越容易像这只狐狸那样得意忘形，自命不凡。然而，下场往往也跟这只狐狸差不多。因此，**无论在什么时候，都要清醒地认识自己，保持理智。要知道，自大无知只能给自己带来伤害甚至毁灭。**

凡事要会量力而行

青蛙看到一头牛在牧场上吃草，很羡慕牛有那么庞大的身体。青蛙心想：如果把自己满布皱纹的身体拉长，也一定可以和牛一样大。于是青蛙尽量鼓气，以把身体涨大。鼓了一会儿，它问小青蛙，自己是不是和牛一样大了。

"还没有"，小青蛙们回答。于是它又用力鼓了一阵，再问小青蛙，他和牛比起来谁大。"和牛比起来还差远的呢！"青蛙再度鼓起气来，结果因为气鼓得太足，身体破裂，就这么死了。

敢和强者比较虽然勇气可嘉，但如果不自量力，后果会很严重。

有个年轻人路过一片杏树林，看见了满树的大白杏后，很想买一点来吃。这时，他看见杏树下面坐着一位老汉，身边放着几个铁皮桶，便问道："老人家，杏多少钱一斤？"老汉说："两毛钱一脚。"年轻人诧异地问老汉，究竟是两毛钱还是两角钱。当年轻人弄清楚是交了两毛钱就允许向杏树踹一脚时，他惊喜地想，天下居然还有这样让人兴奋的买卖。

他给了老汉两毛钱，便拎起了一个桶走向杏林深处。杏树大小不一，他瞄了半天，才选了一棵硕大无朋、枝头低垂的杏树，铆足了劲儿，背过身像马尥蹶子一样，猛踹杏树，脚腕子都快肿了，结果却是一颗杏都有落下来。年轻人刚想再接着踹时，老汉对他说："再交两毛！"这时年轻人才明白了过来，于是选择了一棵细弱的小树，不轻不重地踹了一下，结果掉下的杏让他捡了半桶。

这件事让年轻人明白了这样一个道理：**凡事要量力而行，知道自己有几斤几两，能吃几碗饭，能肩挑多重的担，能干多大的事儿。**

6. 低调是一把特别结实的保护伞

做人还是低调一些好！因为低调是一把特别结实的保护伞。做人还是顺其自然一些好！该是你出头的时候，自然会让你成为主角。如果你不该炫耀时却张扬自己，结果只会为自己招来很多灾难。

春秋战国时期，有一天，吴王带领部下到山中去打猎时，碰到了一群猴子。

看到这伙人舞刀弄剑，气势汹汹，猴子们纷纷逃散。唯独有一只年轻力壮的猴子没逃。它不仅没有逃，而且还跳到了这伙人面前，雄纠纠地摆出了一副挑战的架势。

吴王被这个胆大包天的家伙激怒了，拉开弓对着它就是一箭。那猴子异常敏捷，猴爪一探，便把箭给接住了。吴王恼羞成怒，嗖嗖嗖地接连射出了七八箭，结果不是被猴子接住，就是被它闪身避开。

猴子得意洋洋，不时地朝着吴王做着鬼脸，似乎是讥笑对手的无能，并炫耀自己的身手。吴王气急败坏，于是命令部下一齐放箭。很快，那只敏捷的猴子便丧身在了乱箭之下。

三国时期，著名文学家杨修聪明绝顶，才思敏捷，世人公认。一次，丞相曹操去新落成的官邸视察，在大门上写了一个"活"字，未加任何解释便离去了。负责修建官邸的官员们莫名其妙，但杨修却马上领悟了曹操此举之意，便告诉他们说："丞相嫌这门开得太大了，应该改小一点。'门'中加一个'活'字，不就是'阔'字吗？"还有一次，有人送给曹操一盒酥，曹操信笔在盒子上写下了"一合酥"。杨修见到了，立刻自作主张地把这盒酥分给众人吃掉了，还振振有词地说："一合酥，不就是一人一口酥吗。"

诸如此类的小聪明，杨修还要过好多次，这引起了曹操的反感与嫉恨。后来，曹操率军到汉中与诸葛亮交战，因战事极不顺利，又赶上了连降大雨，一时陷入进退两难的境地。这一天，部下问曹操改换什么口令，他随口说了声"鸡肋"。当杨修听到了这个口令后，立刻劝将领们收拾行李，准备撤退。将领们忙问他为什么，他说："鸡肋这东西，吃了没什么味道，扔掉还有点可惜，丞相说这话，表明他打算放弃这里了。"曹操得知此事后勃然大怒，以扰乱军心之罪处死了杨修。

有个小商人发了一笔小财。返乡后他居然把自己的所得放大了几十倍，到处向人吹嘘他是如何如何地富有。一天夜里，一伙盗贼光顾了他，将他洗劫了一空。由于他交不出自己吹嘘的那么多钱财，结果被盗贼活活折磨致死！

猴子是死于敏捷吗？杨修是死于聪明吗？小商人是死于富有吗？都不是。他们的死因都是同一种——过于炫耀自己，不懂得低调处事。

一个人有着某种过人之处是好事，但不可以骄傲，更不可以到处炫耀。炫耀不仅不能给炫耀者博得声誉、魅力、尊崇或者幸运，反而容易招来反感、鄙视、嫉恨，乃至祸患！

做人还是低调一些好！因为低调是一把特别结实的保护伞。做人还是顺其自然一些好！该是你出头的时候，自然会让你成为主角。如果你不该炫耀时却张扬自己，结果只会为自己招来很多灾难。

切记，**钻石和金子的珍贵都不在于其表面的闪光**。钻石贵在其举世无双的硬度，金子则贵在其无与伦比的质量！

深水无声，才是处世之道

一天上午，有位父亲邀请儿子一同到林间漫步，儿子高兴地答应了。

漫步到一个弯道处，父亲停了下来。在短暂的沉默之后，他问儿子："除了小鸟的歌唱之外，你还听到了什么声音？"

儿子仔细地聆听了几秒钟之后，回答父亲说："我听到了马车的声音。"

父亲说："对，是一辆空马车。"

儿子问他："我们又没看见，您怎么知道那是一辆空马车？"

父亲答道："从声音就能轻易地分辨出是不是空马车。因为马车越空，噪音就越大。"

儿子一听，若有所悟。

后来儿子长大成人，每当他看到口若悬河、粗暴地打断别人的谈话、自以为是、目空一切、贬低别人的人时，他都感觉好像是父亲在自己的耳边说："马车越空，噪音就越大。"

在生活中，我们总会见到一些"马车越空，噪音就越大"的人，这些人大多数没有什么本事、见识和实力，却总是喜欢高调地卖弄自己的那么一点点知识。殊不知，太过炫耀自己，只会令旁人越来越生厌。**如果想让自己不惹旁人讨厌，就一定要懂得"深水无声"的道理。让自己成为一驾低调的没有声音的"马车"吧，因为低调做人，更能保护自己；低调做人，才是更好的处世之道。**

含藏收敛，才是自然之道

春秋战国时代，有一次楚昭王弃国逃亡，屠羊说也跟着昭王出走。昭王返国，要奖赏跟从他的人。但是等找到屠羊说的时候，屠羊说却说："大王失国的时候，我放弃了屠宰的工作。现在大王回国，我的工作已经恢复，又何必说什么奖赏呢？"但昭王坚持要他接受。

屠羊说又说："大王失国，不是我的罪过，所以我不该接受诛罚；大王返国，也不是我的功劳，所以我也不敢接受奖赏。"于是昭王便宣召他进宫相见。

但是，屠羊说拒绝了，并且说道："楚国的法律是必定要有特殊功劳的人才能晋见大王的，现在我的才智不足以保卫国家，勇力又不足以消灭敌人，怎敢妄自晋见大王呢？而且，当吴国军队入侵郢都的时候，我因为害怕而逃避他乡，并不是有意追随大王的。如今大王要废置法律来召见我，实在是很不合理的啊！"

屠羊说拒绝楚昭王给予自己的荣华富贵，是因为他懂得，金玉满堂的人虽然富有，但却不能永久地保住他的财富；而那些持富而骄的人，最后必自取其祸。**唯有功成身退、含藏收敛、低调、不傲不骄的人，才能保护住自己和家人，才是真正地合乎自然之道。**

守住低处，才是登高之道

人往高处走，水往低处流。这是顺应自然之事，大抵是不错的。但人追慕的高处，应该是事业的高处，是人格的高处，是人生境界的高处，而不应该是名利的高处，这才称得上是高尚的人生追求。可惜，滚滚红尘中，名利的高处总是那么令人向往。高处意味着权高位重，高处意味着飞黄腾达，高处意味着光宗耀祖，高处意味着封妻荫子，高处意味着吃香喝辣……高处是显赫和荣耀的象征，高处是优越和强势的代名词，于是有数不清的人对高处趋之若鹜。却很少会去关注低处。

其实，善于低处经营的人，最后往往能到达更高的人生高处。低调的人，"海纳百川，有容乃大；壁立千仞，无欲则刚"；低调的人，谦虚、平和、淡泊、宁静。他们不争身外之物，因此更能心无旁骛，全心全意地攀登事业的高峰；他们不为名利所困，因而更能安贫乐道，在返璞归真中追求人生的化境。

守得住低处的人，相信"宝剑锋从磨砺出，梅花香自苦寒来"，所以他们坐得了冷板凳；守得住低处的人，相信付出终有回报，所以他们蓄势待发；守得住低处的人，知道自己的欠缺和不足，因而从不显摆，从不张牙舞爪；守得住低处的人从不讨巧，他们依靠的是自己诚实的劳动。

守得住低处的人，如潜龙在渊，不飞则已，一飞冲天；守得住低处的人，如枭鸟在林，不鸣则已，一鸣惊人！

守住低处，才是登高之道。虽然人生来就是向往红尘和热闹的，只是你想登上真正的高处，就必须守得住低处，学得会低调，耐得住寂寞。君不见，茫茫人海，有多少人的抱负在灯红酒绿之中沉没；悠悠古今，有多少人的聪明才智在名利的喧嚣中消隐！

唯有守得住低处，耐得住寂寞，不但是在保护自己的成长，更是在守住自己最初的梦想，守住创造的激情，守住灵魂深处的宁静！

7. 你看得起自己，
别人就会看得起你

> 狂妄的人有救，自卑的人没有救。你看不起自己，别人又如何看重你？你看
> 得起自己，别人才会看得起你！

有位王子长得很英俊，可惜他是一个驼子，这个缺陷令他非常自卑。

一天，国王请了全国最好的雕刻家来，要给王子刻一座雕像。过了一段时间，雕像刻出来了。只见雕刻家刻出来的雕像没有驼背，背是直挺挺的。国王将此雕像竖立于王子的宫前。

当王子在宫门前看到这座雕像时，心中产生了一种震撼。

几个月之后，百姓们都说："王子的驼背不像以往那么严重了。"当王子听到这些话时，内心受到了极大的鼓舞。

有一天，奇迹出现了，当王子站立时，背是直挺挺的，与雕像一模一样。

佛祖说，狂妄的人有救，自卑的人没有救。一个人是什么，是因为他相信自己是什么。一个人狂妄，是因为他觉得自己有狂妄的资本，只要让他知道自己有几斤几两，明白山外有山楼外有楼天外有天，他就能够谦虚谨慎下来。一个人自卑，是因为觉得自己缺这个缺那个，同时认为别人拥有这个拥有那个，两相比较之下，自己就越发看不起自己！

事实上，人的许多缺陷都是由自己的心理造成的，正所谓"相由心生，相随心灭。"你能看见与否，取决于你相不相信。**你相信自己，你就会充满自信；你看不起自己，就会自卑得很。选择自信还是自卑，在于你自己。**

人无贫富贵贱之分

在日本，耕田的农民被视为贱民，连出家当和尚的资格都没有。无三大师虽然出身于贱民，但是他一心皈依佛门，于是假冒士族之姓，了却了自己的心愿。

无三大师后来被众人拥戴为住持。举行就任仪式那天，有个人突然从大殿中跳出来，指着法坛上的无三，大声嘲弄道："出身贱民的和尚也能当住持，究竟是怎么回事啊？"

就任仪式庄严隆重，谁也没想到会发生这样的事，众僧都被眼前发生的一幕弄得不知所措。这时谁都不能出来阻止这个人说话，只好屏息噤声，注视着事态的发展。

仪式被迫中断，场上静得连一根针掉在地上都能听见，众人都为无三大师捏了一把汗。面对突如其来的发难，无三大师却从容地笑着回答："泥中莲花。"

绝对的佛禅妙语！在场的人全都喝彩叫好，那个刁难的人也无言以对，不得不佩服无三大师的深湛佛法。就任仪式继续进行，这突然的刁难并没有对仪式造成什么影响，由于无三大师的佛禅妙语，更增加了他的威信，众人更加拥护他了。

佛祖面前，无贫富贵贱之分。每个人都有追求真理的权利，面对他人的刁难，一句"泥中莲花"方显真人本色。

人无佛祖众生之别

有个人为南阳慧忠国师做了30年的侍者，慧忠国师看他一直任劳任怨，忠心耿耿，所以想要对他有所报答，帮助他早日开悟。

有一天，慧忠国师像往常一样喊道："侍者！"

侍者听到国师叫他，以为慧忠国师有什么事要他帮忙，于是立刻回答道：

"国师！要我做什么事吗？"

国师听到他这样的回答感到无可奈何，说道："没什么事要你做的！"

过了一会儿，国师又喊道："侍者！"

侍者又是和第一次一样的回答。

慧忠国师又回答他道："没什么事要你做！"

这样反复了几次以后，国师喊道："佛祖！佛祖！"

侍者听到慧忠国师这样喊，感到非常不解，于是问道："国师！您在叫谁呀？"

国师看他愚笨，万般无奈地启示他道："我叫的就是你呀！"

侍者仍然不明白地说道："国师，我不是佛祖，而是你的侍者呀！你糊涂了吗？"

慧忠国师看到他如此不可教化，便说道："不是我不想提拔你，实在是你太辜负我了呀！"

侍者回答道："国师！不管到什么时候，我永远都不会辜负你，我永远是你最忠实的侍者，任何时间都不会改变！"

慧忠的眼光暗了下去。有的人为什么只会应声与被动？进退都跟着别人走，就不会想到自己的存在！难道他不能感觉自己的心魂，接触自己的真正的生命吗？

慧忠国师道："还说不辜负我，事实上你已经辜负我了，我的良苦用心你完全不明白。你只承认自己是侍者，而不承认自己是佛祖，**佛祖与众生其实并没有区别。众生之所以为众生，就是因为众生不承认自己是佛祖**。实在是太遗憾了！"

你看不起自己，别人又如何看重你？

你看得起自己，别人才会看得起你！

Chapter III

快乐不在别处，
就在你的心里

　　当我们遇到这样或那样的不痛快时，不妨用心想一想，我们做这些事究竟是为了什么。当我们找回自己最初的愿望时，就会发现眼下的不快根本算不了什么。

1. 虚荣如一杯毒酒，秒杀快乐

> 很多人为了皇冠为了杂草甚至为了一些虚无飘渺的荣誉，付出了无数的时间、精力、快乐甚至生命！由此看来，虚荣不仅仅是一杯杀死快乐的毒酒，甚至还是一剂扼杀掉生命的毒药。

有两个脍炙人口的故事，一个是外国的，一个是中国的。

外国的出自希腊的《伊利亚特》。讲的是特洛伊战争之前，忒萨利亚的国王珀琉斯和女神忒提斯结婚的时候，忘记邀请"纷争女神"厄利斯，故令她心怀不满，所以在宴会上留下了一个金苹果，上面写着"给最美丽的人"。于是，天后朱诺、智慧女神雅典娜、爱神维纳斯互相争执，都认为自己是最美丽的人，都想把金苹果争到手。她们找到特洛伊的王子帕里斯作裁判，要他决定谁是最美丽的人。帕里斯拒绝了天后和智慧女神的请求，把金苹果给了爱神。爱神因此给了他绝世美女海伦。于是长达十年的特洛伊战争爆发。

中国的故事是发生在春秋时期的真事。据《晏子春秋·谏下二》记载：齐景公时，有公孙接三勇士，恃功倨傲，且瞧不起晏婴。晏婴久欲除之。在一次国宴上，晏婴借机摘来两个金桃，要齐景公赏给三个勇士论功吃桃。结果，三个勇士因互不服气，弃桃而自杀。

这两个故事情节不同，但本质一样，引起的后果都极其残酷和严重。这本来都是可以避免的悲剧，然而就因为一个"美丽"的金苹果和两个"功勋"的金桃子的虚荣的刺激，挑起了三个女神和三个勇士相互之间的猜忌、嫉妒和仇恨。而"纷争女神"和晏婴的借刀杀人之计也得以实施。他（她）们复仇的目的达到了，留下的却是残酷的战争和勇士的死亡。

其实，这两个故事至今仍没有结束，还在人世间的各个角落里不断发生。例如，一个先进指标、一个职称名额、一封特别大奖、一份年终红包，它们的作用就是在单位之中、团体之中去评说谁最美丽，谁的功大。面对此等虚荣，绝大多数人都不比三位女神和三个勇士高明，结果，自己的快乐就这样被杀死了。

看清楚金苹果和金桃子的真正本质，把虚荣这杯容易把快乐杀死的毒酒泼掉，才是从容自在的正道。

我们太容易为了面子而动怒

苏东坡在瓜州任职的时候，曾与金山寺的住持佛印禅师成为至交，他们经常在一起谈禅论道，生活得十分快活。有一天，苏东坡认为自己对于禅已经领悟到一定程度了，于是便写了一首诗，来阐述自己对于禅道的理解，然后送给佛印禅师印证。

诗是这样写的：稽首天中天，毫光照大千。八风吹不动，端坐紫金莲。

意思是说："我顶礼伟大的佛陀，蒙受到佛光的普照，我的心已经不再受外在世界的诱惑了，好比佛陀端坐莲花座上一样。"

佛印看了他写的诗后，笑着在上面写了"放屁"两个字，然后就叫书童带回去给苏东坡看。书童回去马上就来到苏东坡面前，把佛印禅师的批文给苏东坡看。苏东坡看了批文以后恼怒不已，马上动身去找禅师理论。

他气呼呼地来到金山寺，远远就看见禅师站在江边。

禅师告诉他说："我已经在此等候多时了！"

苏东坡一见禅师就气呼呼地说："禅师！我们是至交，我写的诗，你既然看不上，也不能侮辱人呀！"

禅师说："我没有侮辱你呀？"

苏东坡理直气壮地把诗上批的"放屁"两字拿给禅师看说："这不是侮辱人是什么？今天我一定要讨个公道，你一定要给我一个说法。"

禅师呵呵大笑说："还'八风吹不动'呢！怎么'一屁就打过江'了呢？"

苏东坡听完恍然大悟，惭愧不已，知道自己还是太虚荣和自尊，离得道还远着呢！从此，他再也不敢炫耀自己了。

虚荣心容易使你敏感，令你变得计较，为了维护你自己的面子，哪怕是别人对你的一点点冒犯，一点点批评，也会令你大为光发，恼火不已，从而杀死了自己的快乐。

我们太容易因为他人的评论而心烦意乱

白云守端禅师有一次和他的师父杨岐方会禅师对坐，杨岐问："听说你从前的师父茶陵郁和尚大悟时说了一首偈，你还记得吗？"

"记得，记得。"白云答道："那首偈是'我有明珠一颗，久被法劳关锁，一朝法尽光生，照破山河星朵。'"语气中免不了有几分得意。

杨岐一听，大笑数声，一言不发地走了。

白云怔在当场，不知道师父为什么笑，心里很愁烦，整天都在思索师父的笑，怎么也找不出他大笑的原因。

那天晚上，他辗转反侧，怎么也睡不着，第二天实在忍不住了，大清早便去问师父为什么笑。

杨岐禅师笑得更开心，对着因失眠而眼眶发黑的弟子说："原来你还比不上一个小丑，小丑不怕人笑，你却怕人笑。"白云听了，豁然开朗。

虽然我们不丑，但我们有时候真的还比不上一个小丑。**很多时候我们很容易就陷进了别人给我们的评论之中。别人的语气、眼神、手势……都可能会搅扰我们的心，扼杀掉我们的快乐，消灭我们往前迈进的勇气，甚至成天沉迷在白云式的愁烦中不得解脱，白白损失了做一个自由快乐的人的权利。**这一切的根源，都是因为我们还太爱慕虚荣太好面子太在意外界对我们的评价了。

我们不知道皇冠其实只是一些杂草

我们活得太疲惫，是因为我们追求的东西太多了；我们活得太沉重，是因为我们心里在意的东西太多了；我们活得太烦恼，是因为我们太好面子和太在

意虚荣了。

有位大法师在谈论权力和荣誉时，有下面的点评——

威严的加冕典礼，隆重的授印仪式。之后，皇冠或印章便有了神圣的意味。一旦拥有了它们，很多人物便跟着显得神圣起来。然而，每次看到这些人物热衷于炫耀帽子和印章给自己带来的权威时，却总让人不由自主的想起一些动物来。

在野生的麋鹿群之中，每年夏秋之季都会爆发一场王位之战。战胜者可以拥有王者的统治地位，同时也可以自由的享用部落中的一切权利。这是自然界的规律，并没有什么特别之处。让人感兴趣的是，获胜的鹿王在夺得王位后，总会挑起地上的杂草或枯枝等其他杂物顶到自己强有力的触角上，然后在自己的鹿群中炫耀几圈，受用着群鹿看着自己头顶上的杂草温顺后退的美妙感觉。

这些杂草的意味，与人世间的皇冠倒真有几分神似，或者与我们某些顶着"帽子"掌握了一定权利的人物也很近似。拥有了这些杂草或"帽子"，便有了生杀予夺的威权，也怪不得这么多人要对它顶礼膜拜了。可是，我们都忘记了，原来皇冠有时也只不过是一些杂草。

然而，我们中的很多人，为了皇冠为了杂草甚至为了一些虚无飘渺的荣誉，付出了无数的时间、精力、快乐甚至生命！由此看来，虚荣不仅仅是一杯杀死快乐的毒酒，甚至还是一剂扼杀掉生命的毒药。

2. 生气是一把刀子，伤人伤己

生气是一把刀子，拿出来就很可能会伤害到别人。生气有时候是一把锐利的刀，稍不小心就会切掉和朋友的缘分，和亲人的情分。

古时有一妇人，特别喜欢为一些琐碎的小事生气。她也知道自己这样不好，便去求一位高僧为自己谈禅说道，开阔心胸，消解抑郁。

高僧听了她的讲述后，一言不发地把她领到了一座禅房中，然后落锁而去。这令妇人气得跳脚大骂。但她骂了许久，高僧也没有去理会她。骂累了，妇人便开始哀求高僧把自己放出去，但高僧无动于衷。妇人终于沉默了。

这时高僧来到门外，问她："还生气吗？"

妇人说："我只为我自己生气，我怎么会到这地方来受这份罪。"

"连自己都不原谅的人又怎么能心如止水呢？"高僧拂袖而去。

过了一会儿，高僧又来问她："还生气吗？"

"不生气了。"妇人说。

"为什么？"

"你的气并未消，还压在心里，爆发后将会更加剧烈。"高僧又离开了。

当高僧第三次来到门前时，妇人告诉他："我不生气了，因为不值得气。"

"还知道值得不值得，可见心中还有衡量，还是有气根。"高僧笑道。

当高僧的身影迎着夕阳立在门外时，妇人问高僧："大师，什么是气？"高僧将满杯茶水倾洒于地。妇人视之良久，顿悟。遂叩拜而去。

何苦一定要生气呢？气其实就是别人吐出了但是你却接到口里的那种东西，你吞下就会觉得反胃；你不在意它的时候，它也就会自动消失。

夕阳如金，皓月如银，人生的幸福与快乐还嫌没有时间去享受呢，哪里还有多余的时间去生气呢？

生气，是拿别人的错误来惩罚自己

生气就是在拿别人的错误来惩罚自己。

有时候，有些人对身边的一些琐碎小事看不顺眼，就会气不打一处来，而且还气得特别厉害。甚至我们会因为生气而大哭一场，或者会喝酒来解闷，又或者用疯狂购物来排解抑郁。殊不知，即使我们发再大的脾气，做再多的反应，难道对方就能得到惩罚了吗？正好相反。如果我们因生气而大哭一场，只能把自己的眼睛哭得红肿；如果我们因生气而喝闷酒，只能伤害自己的身体；如果我们因生气而疯狂购物，只能挥霍自己的钱财……这些其实都是在拿别人的错误来惩罚自己！这样一来，生气不但没有解决问题，反而把问题搞得更加复杂了。

其实静下心来想想，人生在世也就那么几十年，为什么非要让生气来占据自己的生活空间呢？来人世走这一遭真的是不容易的——灵魂从母体诞生，到飘飘荡荡不知往何处去，忘却前尘旧事，再回到另外一个世界上去，多么不易啊，为什么要自寻那么多的烦恼呢？

佛陀说，烦由心生。人的心总是很难不受外界的影响。每个人在生气时，都会有这样或那样的理由：受到极不公正的待遇了会生气，受到他人的侮辱了会生气，亲人间的寡情薄意了会生气……总之，只要人还活着，还有意识，心里就免不了要生这样或那样的气，即使知道那句"生气是在拿别人的错误来惩罚自己"，还是免不了要生气。

人生不如意事十之八九，面对困惑，心情难免会受到波动，但情绪反应却又影响着我们的生活，石涛大师开释："生命的完整，在于宽恕、容忍、等待和爱，如果没有这一切，即使你拥有了一切，也是虚无。"

当你想生气时，如果想想这句话，也许也能消消气："老天爷在关上一扇门的同时，一定会为你打开一扇窗。"

生气，是一把容易伤害别人的刀子

生活中，每个人都一定曾因某些事情的不顺眼或者不顺心而发怒，有时候还会怒气冲天。**虽然发怒是一个人正常情绪的流露，但是如果经常发怒，不仅会给自己带来身心上的疾病，而且会伤害到周围的人——又有谁会愿意整天听你怒吼呢？**

怒气的产生，来源于一个人对外部世界的认识、解释和评价，当然跟一个人的性格也有一定的关系。面对同样一件事情，有些人会非常坦然，但有些人却会气得脸红脖子粗。

通常，愤怒情绪的发展会有几个阶段。刚开始时，只是脸部表情上的不愉快、气恼或者低声嘀咕；如果情绪激动的话，愤怒就会加剧，继而浑身发颤、双手抖动，甚至还会失去自控、大怒乃至暴怒，最后可能会变成丧失理智的狂怒。

如果能够了解到愤怒情绪是逐步发展的，就可以测定愤怒时的状况，以便及时地把怒气消灭在萌芽状态，相反，越是升级就越难以控制。

有一个男孩，在他小的时候，脾气特别坏，动不动就会生气。有人稍微碰到他，他就会生气。有谁惹他，他就会大声地骂人，甚至用力地打人，要不然就会放声大哭，仿佛要掀起屋顶盖。每一次只要他生气了，大家就会躲得远远的，害怕被他发怒时的"台风尾"扫到。

有一次，他跟弟弟闹别扭，他的牛脾气又上来了，气得脸红脖子粗，两手插腰，一边跺脚一边骂。这时候，他的妈妈静静地走了过来，拿着一个镜子放在他的前头。他从镜子里看到了自己，只见眉头紧锁，面容皱皱的，恐怖而好笑，原来生气时是这样的丑啊。从此以后，每次他只要生气就会联想到自己生气的脸，想到自己如此难看，于是也就不再乱使性子了。

生气是一把刀子，拿出来就很可能会伤害到别人。生气有时候是一把锐利的刀，稍不小心就会切掉和朋友的缘分，和亲人的情分。所以，一定要控制好这把刀。

3. 最不听话的是我们的心

所谓"管事容易，管人难；管人容易，管心难。"有时候，我们责怪别人不肯听自己的话，其实，最不听话的是我们的心，今天要求这样，明天希望那样，总是翻来覆去，心猿意马。

在生活中，我们产生的烦恼、痛苦、绝望、发怒或者从容、自在、快乐、闲适之类的感受，都源于我们的心。

有位书生忽然对佛教产生了兴趣，便决定去寺庙学习入定。可是每当入定不久，他就感到有一只大蜘蛛出来骚扰自己。书生施尽所能也无法改变，只得去请教老和尚。

老和尚建议他下次入定时，拿一支笔在手里，如果大蜘蛛再出来捣乱，就在它的肚皮上画一个圈，看看到底是只什么样的妖怪。

于是书生准备了一支笔。在一次入定时，大蜘蛛又出现了。书生迅速拿起笔来在蜘蛛的肚皮上画了个圈圈。刚画好，大蜘蛛便没了踪影。没有了骚扰，他便安然入定，再无困扰。

书生出定一看，原来画在大蜘蛛肚皮上的那个圈记，赫然出现在自己的脐眼周围。书生明白了，原来入定时的那个破坏分子——大蜘蛛，不是来自外界，而是发于自心。

就像入定之时会有一只大蜘蛛不请自来对你进行骚扰一样，在生活中的每时每刻，我们的心都会对我们的情绪进行影响，或悲或喜、或烦恼或自在、或绝望或希望……**要感受到更多的幸福与快乐，就必须学会管好我们的心。**

世上最不听话的是我们的心

有个人在市场上买了一个青花瓷瓶，价钱还算公道，做工精雕细刻。回家以后，他一会儿擦擦，一会儿端在手里看看，喜欢得不得了。有位朋友来了，他把青花瓷瓶拿出来展示，结果被朋友浇了一盆冷水："现在谁还买这样的老古董啊？早过时了，你看人家买的玻璃摆设，那才叫有品位呢。"

等朋友走后，这个人再把瓶子端在手里看，这下可真不得了了，他觉得瓶子一下子变得很难看，原先精雕细刻的做工，现在感觉粗陋无比，原先的公道价钱也变成了低贱不值。他愈想愈气，便拿起瓶子就摔了。这时，又有一个朋友来敲门，他是个收藏家。他捡起了地上的碎片一看，不禁惊呼一声："这可是宝贝啊！"然后把这个瓶子的来龙去脉讲了一遍。

这时，大家能想象得到这个人会是一种什么样的心情吗？

在这个过程中，瓶子有贵贱、新旧的变化了吗？没有。变化的只是这个人自己的感觉。为什么这个人会突然改变自己的态度呢？因为他听信了别人的话。他为什么那么容易听信别人的话呢？因为他没有自信。为什么没有自信呢？因为在购买瓶子的时候，他根本就不懂得它。那他为什么还要买呢？因为人家说，这个瓶子可以升值，所以他一时冲动就买了下来。为什么会冲动呢？因为他的心产生了妄念。

所谓"管事容易，管人难；管人容易，管心难。"有时候，我们责怪别人不肯听自己的话，其实，最不听话的是我们的心，今天要求这样，明天希望那样，总是翻来覆去，心猿意马。

一切问题的根源，在于我们是否掌握了辨别是非、好坏的能力。如果我们没有能力自己判断，就会惑，就会陷入恐慌、焦虑和浮躁，被别人牵着鼻子走。之所以惑，往往是因为我们已经付出了，付出前没有搞清背景实情，没有掌握客观的评价标准，因此无论我们如何私下揣摩，患得患失，结果都反而损失更大。

患得患失，不明就里，这样的惑，自古有之。佛法里的四圣谛——苦、集、灭、道，就是佛教导我们知苦、离苦和解决人生问题的方法。形成苦的原因，不外乎是我与物、我与人、我与身、我与心、我与欲、我与见、我与自然的关系之不调和。这一切都起因于我们心中有了种种分别、执著、妄想，因此才会迷惑颠倒、烦恼重重。

世上最可怕的是贪欲无止境

弟子问禅师："世上最可怕的是什么？"禅师说："欲望！"弟子满脸疑惑。禅师说："听我讲一个故事吧！"

有一个农民想要买一块地，他听说有个地方的人想卖地，便决定到那里打探一下。到了那个地方，他便向人询问："这里的地怎么卖呢？"

当地人说："只要交1000块钱，然后就给你一天时间，从太阳升起的时间算起，直到太阳落下地平线，你能用步子圈多大的地，那些地就是你的了，但是如果不能回到起点，你将不能得到一寸土地。"

这个人心想："那我这一天辛苦一下，多走一些路，岂不是可以圈很大的一块地？这样的生意实在太划算了！"于是他就和当地人签订了合约。

太阳刚一露出地平线，他就迈着大步向前疾走，到了中午的时候，当他回头已看不见出发的地方时他才拐弯。他的步子一分钟也没有停下，只是一直地向前走着，心里还在想："忍受住这一天的辛苦，以后就可以享受这一天的辛苦带来的欢悦了。"

他又向前走了很远的路，眼看着太阳快要下山了，他心里非常着急，因为如果他赶不回起点处，就一寸地也得不到了。于是，他走斜路向起点赶去。可是太阳也马上就要落到地平线下面了。于是他加紧了脚步，只差两步就要到达起点了，但这时他的力气已经耗尽，倒在了那里，倒下的时候他的两只手刚好触到了起点的那条线。那片土地归他了，可这又有什么用呢，他的生命已经失去了。

禅师讲完，闭目不语，弟子则从这个故事中知道了"世上最可怕的是什么"的答案。

世上最可怕的是贪欲无止境。有欲望不是错，欲望过盛，就会自寻烦恼，

自招痛苦，甚至引来灾祸。这一切，都是我们那颗不听话的心在作怪。如何避免这一最可怕的东西降临到我们身上？掌控好我们的心，让心听自己的话，不被贪欲蛊惑。

世上最要不得的是随意生气

如果你问别人，你活着是为了什么？有的人会说为了快乐，有的人会说为了幸福，有的人会说为了成功……但肯定没有一个人会说自己活着是为了生气的。

没有谁喜欢有事儿没事儿生气玩儿的，但很多人却有事儿没事儿就生气。其实，**不是生活中的不顺心事太多，而是因为我们忘了自己活着到底是为了什么**。

在生活中，我们常常会有很多的烦恼，时不时地还搞一些脾气出来。回过头想想，那些惹得我们大发脾气的事情其实没什么大不了的，不过是一些小事、一段小插曲而已，只是当时心里太认真甚至太较真了。只要我们学会管住自己那颗不听话的心，一切就都好办了。所以，**当我们遇到这样或那样的不痛快时，不妨用心想一想，我们做这些事究竟是为了什么。当我们找回自己最初的愿望时，就会发现眼下的不快根本算不了什么**。

有一位禅师教导世人，每当我们生气时，不妨这样对自己说——

"我不是为了生气才交友的！"

"我不是为了生气才工作的！"

"我不是为了生气才恋爱的！"

"我不是为了生气才结婚的！"

……

当你这样做了之后就会发现，你的生活一下子变得阳光灿烂了！无论什么时候，当烦恼袭来时，当我们的心不听话硬要生气时，一定要记得告诉自己一声：我不是为了生气才活着的！

4. 随缘是一剂健康长寿的灵药

想要快乐长寿，就一定要学会随时，随性，随遇，随缘，随喜，在平凡中感悟快乐。当我们能不去计较生活中的种种不快后，我们就能收获到越来越多的幸福与喜悦。心情好了，身体就好；身体好，自然就长寿。

每个人都希望自己能够健康长寿，遗憾的是这一愿望并不是每一个人都能实现。不过很多人还是执著地想知道，究竟用什么样的方法可以让自己健康长寿。又或者说，有没有一些让人健康长寿的灵丹妙药呢？

有一寺院里的住持已经106岁了，于是很多人都前来向住持求教，希望知道住持健康长寿的秘密。每次遇到这样的人，住持都会讲这样一个故事——

禅院的草地上一片枯黄，小和尚看在眼里，便对师父说："师父，快快撒点草籽吧！这草地太难看了。"

师父说："不着急，什么时候有空了，我去买一些草籽。什么时候都能撒，急什么呢？随时！"

中秋的时候，师父把草籽买回来了，给了小和尚，说："去吧，把草籽撒在地上。"小和尚高兴地说："草籽撒上了，地上就能长出绿油油的青草了！"

起风了，小和尚一边撒，草籽一边飘。"不好了，好多草籽都被吹飞了！"小和尚喊道。

师父说："没关系，吹走的多半是空的，撒下去也发不了芽，担心什么呢？随性！"

草籽撒上了，飞来了许多麻雀，在地上专挑饱满的草籽吃。小和尚看见了，惊惶地说："不好了，草籽都被小鸟吃了，这下完了，明年这片地就没有小草了！"

师父说："没关系！草籽多，小鸟是吃不完的！你就放心吧！明年这里一定还会有小草的。随意！"

夜里下了一晚上的雨，雨好大，小和尚一直不能入睡，他担心草籽被冲走了。第二天早上，他早早就跑出了禅房，果然发现地上的草籽都不见了。于是他马上跑进师父的禅房说："师父，昨夜一场大雨把地上的草籽都冲走了，怎么办啊？"

师父不慌不忙地说："不用着急，草籽被冲到哪里，它就会在哪里发芽！随缘！"

过了没多久，许多青翠的草苗破土而出，原来没有撒到的一些角落里居然也长出了许多青翠的小苗。

小和尚高兴地对师父说："师父，太好了，我种的草长出来了！"

师父点点头说："随喜！"

住持希望通过这个故事，让听者顿悟到，**只有随缘，只有顺其自然，才是一剂健康长寿的灵丹妙药**。在生命的旅途上，凡事都不必刻意强求，只需尽力而为，顺其自然，就能有所回报，而且还不影响快乐的心情。

想要快乐长寿，就一定要学会随时，随性，随遇，随缘，随喜，在平凡中感悟快乐。当我们能不去计较生活中的种种不快后，我们就能收获到越来越多的幸福与喜悦。心情好了，身体就好，身体好，自然就长寿。

随时，不要着急

日本近代有两位一流的剑客，一位是宫本武藏，另一位是他的徒弟柳生又寿郎。

当年柳生又寿郎拜宫本武藏学艺时，一见面就问道："师父，我努力学习的话，需要多少年才能成为一名剑客？"

"一生。"武藏答道。

"我不能等那么久，"又寿郎解释说，"只要您肯教我，我愿意下任何苦功去达到目的。如果我当您的忠诚仆人，需时多久？"

"哦，那样也许要十年。"武藏缓和地答道。

"家父年事渐高，我不久就得服侍他了，"又寿郎不甘心地继续说道，"如果我更加努力地学习，需时多久？"

"嗯，也许三十年。"武藏答道。

"这怎么说啊？"又寿郎问道，"你先说十年而现在又说三十年。我不惜任何苦功，要在最短的时间内精通此艺！"

"嗯，"武藏说道，"那样的话，你得跟我七十年才行，像你这样急功近利的人多半是欲速不达。"

"师父教训的是，"又寿郎说道，"我愿意一直跟着您学习剑术，接受您的任何训练，直到得到您认可为止，不管多少年。"

武藏收下又寿郎为弟子后，不但不教他剑术，而且不许他谈论剑术，连剑也不准他碰一下，只是叫他每天做饭、洗碗、铺床、打扫庭院和照顾花园。

三年的时光就这样过去了，又寿郎每天都只是做些打杂的苦役，每当他想起自己的前途，内心不免有些茫然。

有一天，又寿郎在干活儿的时候，武藏悄悄地跑到他身后，以木剑给了他重重的一击。第二天，正当又寿郎忙着煮饭的时候，武藏再度出其不意地袭击了他。无论什么地点，一天二十四小时，又寿郎都有可能受到师父那把大木剑出其不意的袭击。

自此以后，无论日夜，又寿郎都随时随地预防突如其来的袭击。到后来，就算在睡梦中，他都能听到武藏师父举起木剑的声音。

最后，又寿郎总算悟出了剑道的真谛并得到了武藏老师的认可，成为日本一流的剑客。

做事情不可以急功近利，越是急功近利，离成功就越远。

伴随着生活节奏的提速，人们的心态也变得越来越急躁。学习就报"速成班"，生病就买"速效药"，饿了就吃"快餐"，开车就上"高速路"……只是，你的生活真的非如此不可吗？这样的生活真的很好吗？你有没有觉得越来越忙碌、越来越疲惫呢？

世间万物自有其自然的规律、内在的节奏，过快和太慢都会使事物失去本来的面目。饭吃得太快，就变成猪八戒吃人参果，品不到味道了；路走得太快，就欣赏不到路边的风景……

要成就一件事情，就必须尊重其内在规律，随时而行，因为欲速则不达；**要想让自己健康快乐，就尽可能地尊重身体和心灵的客观规律，不要让身心过于疲惫，否则身心负担过重，结果只能是慢性自杀，甚至是"过劳死"。**如此，又何来的长寿啊！

随缘，顺其自然

有一条小狗不停地绕着自己的尾巴转圈，直到筋疲力竭地躺在地上喘气。

这时，一条大狗走过，询问它发生了什么事。小狗说："有朋友告诉我说，假如我可以追到自己的尾巴，我便能永远地得到幸福和快乐，所以我才追逐自己的尾巴直到筋疲力竭的。"

大狗叹了一口气说："在我年轻的时候，也听别人说过同样的话，我也跟你现在一样弄得筋疲力竭。当我追逐幸福和快乐的时候，它永远不在我前面，反而当我不刻意追逐，一切顺其自然之时，才发觉幸福和快乐正在后面日夜地跟随着我！"

幸福和快乐本来就是我们生活的一部分，只是看我们是否懂得欣赏而已。许多人每天都在追逐名利以及物质享受，但是仍然得不到幸福和快乐，其实是他们身在福中不知福啊！幸福与快乐是不会通过刻意追求就可以得到的，一切只有顺其自然才能得到。**随缘吧，当你能看淡荣辱、看轻得失、看破生死、看穿成败后，你就能心态非常好，从而身体非常棒，硬硬朗朗地活到天年。**

5. 心宽是一眼流出快乐的源泉

如果想体验更多的痛苦，不妨做一个杯子；如果想感受不到痛苦，就开阔你的心胸，做一个湖泊！快乐来得就是如此简单，只需要心宽就可以了。

海边的渔村里开着一家染坊，染坊里住着师傅和徒弟两个人。

徒弟整天总是唉声叹气，对自己的现状不满。他觉得自己的日子过得太不顺心了：学了四五年的技术仍没有出师；爱上了一个渔民的女儿却得不到她的芳心……因此，他常常对师傅说一些丧气的话。

有一天，师傅又听到了徒弟在悲叹连天，于是就吩咐他去染坊取两包红色的染料来。

徒弟按照师傅的吩咐，很快就取了两大包过来。师傅让他把其中的一包染料放入一缸清水里，然后，师傅问徒弟："缸里的颜色有什么变化？"

徒弟不解地说："平常我们染布仅用小半包染料，而这次一下就多放了近三倍，缸里的水已经红的发黑了！"

师傅笑着说："好了，今天我们不染布匹了，你拿着染料，我们到海边走走。"

于是，师徒二人很快就到了海边。这时，师傅命徒弟拆开那包染料，把整包染料都撒进海水里，然后问徒弟："你看看海水的颜色有何变化。"

徒弟回答："波涛汹涌，染料刹那间就被海浪稀释了，海水还是和天空一样湛蓝，看不出什么变化啊？"

这时候，师傅借机感慨良深地开示徒弟说："其实，我们生命当中的诸多烦恼和痛苦也就像那些染料一样，它们的数量是固定不变的，没有人能让它们增加或是减少。然而，我们所能承受这些烦恼和痛苦的心之容器，却在决定着痛苦的浓度，所以，假如你的心中只能装进一缸水，又怎能不被痛苦的染料所感染呢？但若是你的心中能装进一个海的话，纵然有再多的染料，也经不起海水的溶解和稀释啊！"

是啊，人生中不如意之事十有八九，仅仅把心灵的容器修炼成缸，又哪能耐得住烦恼的侵袭呢？何况，缸里只是一汪死水。但是，海水就不同了，它能汇百川而涤尽污浊；容万物而了无痕迹，即使被撒进了再多的"染料"，也改变不了它本真的姿容！

把我们的心弄得更宽广一些吧，当你能心越宽时，你就会发现，快乐越容易得到。当你遭遇烦恼和痛苦时，不妨留意一下：你的心仅仅被缩小为一口缸，还是被放大为了一个海。

不妨把度量放宽些

有个人捉住了一只大老鼠。他想起了老鼠作的孽，气得牙根痒痒的，决心好好地惩治惩治它。

"你想痛痛快快地去见阎王爷？没那么便宜！"这个人咬牙切齿地说，"对于人人喊打的坏蛋，无论如何处置，都不过分。"

于是，他找来煤油，把煤油倒在老鼠的身上，然后点燃，等到火舌舔噬老鼠皮肉的时候，才把老鼠放开。老鼠吱吱乱叫着狂奔起来，一下子钻进屋旁草垛，结果引起了一场大火，大火把这个人的房子都烧了个精光。

"我真蠢啊！"这个人蹲在一片焦土前面痛哭流涕，"我本来是想惩治老鼠的，可是由于考虑不周，反而毁了我自己！"

度量放宽些，一切好歹都要容得；眼睛放大些，一切高下都要包得。疾恶如仇，其结果往往会适得其反。把心胸放开些吧，不懂得宽容别人的人，最终会使自己吃亏的。

不妨把心门敞开些

有兄弟两人，年龄不过四、五岁，由于卧室的窗户整天都是密闭着的，所以他们认为屋内太阴暗了，当他们看见外面灿烂的阳光时，觉得十分羡慕。

有一天，兄弟俩就商量说："我们可以一起把外面的阳光扫一点进来。"于是，兄弟两人便拿着扫帚和畚箕，到阳台上去扫阳光。等到他们把畚箕搬到房间里的时候，里面的阳光就没有了。这样一而再再而三地扫了许多次，屋内还是一点阳光都没有。

正在厨房忙碌的妈妈看见他们奇怪的举动，便问道："你们在做什么？"他们回答说："房间太暗了，我们要扫点阳光进来。"妈妈笑道："只要把窗户打开，阳光自然就会进来，何必去扫呢？"

这位母亲说的很对。事实上，我们在生活中需要"把窗户打开"的时候也很多。例如，我们经常埋怨自己得不到知己，殊不知，正是自己把心门紧闭，把别人拒绝在外，所以才导致了自己没有知己啊。**不妨把封闭的心门敞开一些，敞大一些，这样一来，友情亲情爱情的阳光就能驱散阴暗，敞亮和温暖你的心房。**

6. 幸福说到底就是一种心态

> 快乐和幸福说到底就是一种心态。相同的生活境遇和生活条件，以不同的心态去衡量，有人就会觉得不幸，有人则觉得幸福。

很早以前，有一位国王觉得自己不幸福，就派宰相去找一个最幸福的人，将他幸福的秘密带回来。

宰相碰到男人问："你幸福吗？"

男人回答："不幸福，我还没有功成名就呢。"

宰相碰到女人问："你幸福吗？"

女人回答说："不幸福，我没有闭月羞花的美貌。"

宰相碰到穷人问："你幸福吗？"

穷人回答说："不幸福，我没有钱。"

宰相碰到富人问："你幸福吗？"

富人回答说："不幸福，我的钱还不够多。"

宰相询问了各种各样的人，但始终没有找到自认为最幸福的人。在返回的路上，一筹莫展的宰相听到了远处传来的歌声，那歌声中充满了欢乐、活力和激情。于是宰相赶紧找到了那个唱歌的人。

宰相问："你幸福吗？"

唱歌的人回答："是的，我幸福，我是最幸福的人。"

宰相问："你为什么是最幸福的人呢？"

唱歌的人回答说："我感激父母，感激生命，感激妻子，感激朋友，感激这温暖的阳光，感激这和煦的春风，感激这蓝蓝的天空，感激这广阔的大地。我感激所有的一切，因此我是最幸福的人了。"

宰相问："为什么？"唱歌的人回答："因为对能够改变的事情，我竭尽全力，追求美好；对不能改变的事情，我顺其自然，随遇而安。"

宰相发自肺腑地说："你确实就是那个最幸福的人啊！快说出你幸福的秘密吧，国王一定会重赏你的。"

最幸福的人说："如果我有幸福的秘密，那就是我懂得心怀感激，因为感激才会珍惜，因为珍惜才会满足，因为满足才会幸福。给不给我赏赐都无所谓，你还是把幸福的秘密送给国王，送给一切需要幸福的人吧。"

这位最幸福的人认为幸福的秘密是，懂得心怀感激。那么，你心目中的幸福又是什么呢？

幸福就是放下

有一个人两手各拿了一个花瓶前来献给佛祖。

佛祖对他说："放下！"

那个人就把他左手拿的那个花瓶放下了。

佛祖又说："放下！"

那个人又把右手拿的那个花瓶放下了。

佛祖还是对他说："放下！"

那个人说："能放下的我已经都放下了，现在我两手空空，没有什么可以再放下的了，你到底让我放下什么呢？"

佛祖说："我让你放下的，你一样也没有放下；我没有让你放下的你全都放下了。**花瓶是否放下并不重要，我要你放下的是你的六根、六尘和六识。你的心已经被这些东西充满了，只有放下这些，你才能从生活的桎梏中解脱出来，才能懂得真正的生活，才能体会到真正的幸福。**"那个人终于明白了。

佛祖说："'放下'这两个字听起来容易，做起来却很难。有的人追求功名，所以他放不下功名；有了金钱，他就放不下金钱；有了爱情，他就放不下爱情；有了嫉妒，他就放不下嫉妒。因此，世人能有几个能真正'放下'呢？**'放下'，是一条追求幸福的绝妙方法啊！**"

幸福就是一碗水

有个男子最近正在和妻子闹离婚。他是那种很不现实的男人，有许多和他年龄不相符的浪漫，甚至是天真的想法。他的爱人很爱他，除了工作之外，几乎把所有的时间都放在了他的身上，全身心地尽着妻子的责任。而他的表现却很差劲，不但不体贴妻子，还时常无端地向妻子发火。他还常常怀疑妻子有外遇，不相信妻子是真心爱他。不久前，他又以感情不合为由提出了离婚。

一天，他见到一位老和尚，便向老和尚抱怨起了自己的妻子，在数落了妻子的种种不好后，又说，妻子不愿意和他离婚，搞得他很烦恼。

老和尚听完他的抱怨后，问他："每天在你下班进家门时，在你晚饭后，在你风尘仆仆出差归来时，她会不会总是给你端上一杯水？"他想了想，然后点了点头。老和尚又问他："难道这不是幸福吗？你可曾在她忙碌之后给她端过一杯水？"这个男子若有所悟。

老和尚又说："其实，**所谓的幸福，就像一杯水一样平淡，不易觉察。只有在你失去她的时候，你才会知道她的珍贵**。富人在他腰缠万贯的时候，觉得自己是幸福的，他不了解一个穷人家的幸福。穷人则认为，能够自始至终都拥有一碗水，不至于在口渴难忍的时候到别人门前等候赏赐，就是极大的幸福了。在感情问题上也是一样，我们不能抱怨自己的婚姻平淡无味，在你厌倦了这一切的时候，你应该问问自己，是否始终对对方有一份爱心，对家庭有一份责任感。你是否在她需要帮助的时候，给她以温暖和关怀？如果你能对感情生活负责，对爱负责，婚姻何愁不美满？"男子听后，汗颜不已，渐生惭愧，从此厚待妻子。

幸福哪有那么难寻？幸福不过就是一碗水，但这碗水却要比一杯陈酿还要香浓。

拥有一颗能感受幸福的心

什么是快乐？什么是幸福？这些看似极其简单的问题一直在困扰着我们一代又一代人。如果现在就拿这个问题来问你，你可能一下子也回答不上来。

对于一个饥肠辘辘的人来说，这时候最大的快乐和幸福就是大吃一顿；对于一个在寒风中瑟瑟发抖的流浪者，这时候能有一个家、一间不需要多大地方的生着火炉的家，就是他最大的快乐和幸福。

衣食无忧的你看到这里也许会笑起来："这难道也算快乐、也算幸福？"可能对你来说并非快乐和幸福，但对他们确实如此。

当然，对于快乐和幸福概念的界定，很难有一个准确的说法。你可能说，我要是有很多很多钱，我就很快乐、很幸福。那是因为你没有很多的钱，要真有了很多钱，你肯定就不会这么说了，别忘了世界首富也有世界首富的诸多烦恼。你可能又会说，我要是握有很大的权力，我就会快乐、幸福。这也是因为你目前手中没有很大的权力，如果你位极人臣，让你烦恼的事情可能比现在更多。

金钱可能给我们快乐和幸福，但有了金钱却不一定会快乐幸福。权力也一样。

快乐和幸福说到底是一种心态。相同的生活境遇和生活条件，以不同的心态去衡量，有人就会觉得不幸，有人则觉得幸福。同样是一百元，张三会说"只剩下一百元了"；可李四则说"呀，还有一百元呢"。有人觉得乌云密布，有人则觉得云淡风轻，是因为他们有着不同的心态啊。

所以，幸福不是瓢泼大雨，快乐也不是毛毛细雨；幸福不在高官显位之中，快乐也不在万贯家财里。幸福快乐就在你的心中。当你拥有了一颗幸福快乐的心，就拥有了幸福！

Chapter IV

换个角度去看，
风景更加美好

世界上最好的东西，给谁都不算过分；世界上最差的东西，给谁都别觉得委屈。当你能够不自我设限，而是心里海阔天空时，你的内心就会少很多烦恼，凡事都更能看开。

1. 生活中不缺幸福，缺的是发现幸福的眼睛

当你拥有了一颗愿意发现美好、快乐和幸福的心时，你就拥有了一双从纷乱的世界中找到幸福的眼睛，你就会是一个幸福的人儿，你的幸福就能像花儿一样绽放！

生活中不缺美，缺的是发现美的眼睛。有句话说得很精辟："山坡上开满了鲜花，但在牛羊的眼中，那只是饲料。"

生活中不缺幸福，缺的是发现幸福的眼睛。有句话总结得挺到位："幸福就躲在下一条街的拐角，只要你去找，就找得到。"

幸福是心的感觉。幸福与哀愁往往会同时敲响人的心门，你把谁邀请进来，你就将与谁同在。

你是否觉得烦恼、孤寂、不幸、痛苦？你是否感受过快乐？你是否品尝过幸福的味道？烦恼、孤寂、不幸、痛苦、快乐、幸福，这些都是形容词，而所有的形容词都是相对而言的。没尝过痛苦，又怎知何谓幸福的人生？不幸又岂非人生之必经？人有时候很奇怪，每每拥有幸福的时候，不懂得这些就是幸福，总是要到失去以后才发现，幸福早就放在了自己的面前。

肚子饿坏时，有一碗热腾腾的面放在你眼前，是幸福；累得半死时，有一张软软的床让你躺上去，是幸福；哭得伤心欲绝时，旁边有人温柔地递过来一张纸巾，是幸福……幸福没有绝对的定义，幸福只是心的感觉。幸福与否，只在乎你的心怎么看待。你要是总感觉自己钱没有别人多，地位没有别人高，妻子没有别人的漂亮，丈夫没有别人的体贴，孩子没有别人的聪明，你能感到幸福吗？

不幸往往源于自己，**烦恼往往源于比较，痛苦往往源于不知足**。心好一切

都好，心美一切都美，心快乐一切都快乐，心幸福一切都幸福！当你拥有了一颗愿意发现美好、快乐和幸福的心时，你就拥有了一双从纷乱的世界中找到幸福的眼睛，你就会是一个幸福的人儿，你的幸福就能像花儿一样绽放！

幸福的味道

一日，佛祖遇见了一个农夫。农夫的样子非常苦恼，他向佛祖诉说："我家的水牛刚死，没有它帮忙犁田，我怎么能下田作业呢？"于是佛祖赐给了他一头健壮的水牛，农夫很高兴，佛祖在他身上感受到了幸福的味道。

又一日，佛祖遇见了一个男人。男人非常沮丧，他向佛祖诉说："我的钱被骗光了，没有盘缠回乡。"于是佛祖给他银两做路费，男人很高兴，佛祖在他身上感受到了幸福的味道。

又一日，佛祖遇见了一个诗人。诗人年轻、英俊、有才华且富有，妻子貌美温柔，但他却过得不快活。佛祖问他："你不快乐吗？我能帮你吗？"诗人说："我什么都有，只欠一样东西——幸福，你能给我吗？"佛祖说："可以。"于是佛祖把诗人所拥有的都拿走了——拿走了诗人的才华，毁去了他俊朗的面容，夺走了他的财产和他妻子的生命。佛祖做完这些后便离去了。一个月后，佛祖回到诗人的身边。这时，诗人已经饿得半死了，正衣衫褴褛地躺在地上挣扎。于是，佛祖把他原有的一切都还给了他。然后，佛祖又离去了。半个月后，佛祖再去看诗人。这次，诗人搂着妻子，不停地向佛祖道谢，因为他得到了幸福。

你闻到幸福的味道了吗？你悟到幸福的真谛了吗？总之，诗人闻到了。

幸福的真谛

有位小和尚独坐寺内，好多天了都闷闷不乐。师父看出了其中的玄机，也不语，微笑着领着他走出了寺门。

门外，是一片大好的春光。师父依旧不语，怀抱春光，打坐于万顷温暖的柔波里。放眼望去，天地之间弥漫着清新，还有半绿的草芽，斜飞的小鸟，动情的小河。小和尚深深地吸了一口气，偷窥了一眼师父。只见师父正安详地打坐在山坡上，心中空无一物。

小和尚有些纳闷，不知师父的葫芦里卖的什么药。

过了晌午，师父才起来，还是不说一句话，不打一个手势，领着弟子回到寺内。

刚到寺门，师父突然跨前一步，轻掩上两扇木门，把小和尚关在了寺门外。

小和尚不明白师父的意旨，径自坐在门前，半天纳闷不语。很快，天色暗了下来，雾气笼罩了四周的山冈，树林、小溪、小鸟也渐渐变得不明朗起来。

这时，师父在寺内朗声叫他的名字，进去后，师父问："外边怎么样了呢？"

小和尚答："全黑了。"

"还有什么吗？"

"什么也没了。"小和尚又回答说。

"不，外边还有清风、绿草、鲜花、小鸟，一切都还在。"

小和尚顿悟，明白了师父的苦心，这些天笼罩在心头的阴霾一扫而空。

古人云："拨开世上尘氛，胸中自无火焰冰竞；消却心中鄙吝，眼前时有月到风来。"**幸福只是心里的一种感觉，与外界环境无关，这就是幸福的真谛**。人生往往如此，有的人活得很黯淡，并不是因为他生活中缺乏阳光，而是消极的心态早已把所有朝向阳光的窗户紧紧关上了。

2. 幸福还是不幸，全在于你怎么看

幸福与不幸、痛苦和快乐就像是硬币的两面，不幸与痛苦在正面，幸福与快乐就会被转到反面；当你把幸福与快乐放在正面的时候，不幸与痛苦也就离开了你的视线。

一日，无德禅师遇见三位信徒，他们向禅师询问道："信佛真的能解除痛苦吗？如果是真的，那为什么我们信佛多年却还是不快乐呢？"

无德禅师说："你们为什么要活着？"

思考了片刻后，甲说："我活着是为了不死，死亡太可怕了，我不想死，所以我要活着。"

乙说："我活着是为了现在努力劳动，老的时候能享受丰裕的生活。"

丙说："我活着只是为了能养活一家老小，没有我他们就无法生活，我是一家的顶梁柱，缺了我，这个家就要崩溃。"

禅师说："你们整天想着死亡、年老、辛劳，又怎么能够快乐呢？你们应该想到理想、信念和责任，想着这些你们就会快乐！"

信徒们对禅师的话半信半疑，说："这些说着容易，实际上它能当饭吃吗？没有饭吃怎么能快乐呢？"

禅师说："那你们说拥有什么才能够快乐呢？"

甲说："拥有名誉就拥有了一切，所以拥有名誉就能够快乐。"

乙说："爱情是最甜蜜的，拥有了爱情，就能够快乐。"

丙说："金钱最有用，拥有了金钱，就能够快乐。"

禅师说："为什么世上有那么多拥有了名誉、金钱和爱情的人，还是很烦恼呢？"

信徒们无言以对。

幸福还是不幸，全在于你心里是怎么想的，眼睛是怎么看的。一个人心里想的是快乐的事，眼睛只关注快乐的事，他就会变得快乐；心里想的是伤心的事，眼睛只看到不幸的事，心情就会变得灰暗。

很多人只看到了别人所拥有的，却很少想想自己已经把握住了的，于是就认为只要自己拥有了别人拥有的，就一定能幸福快乐，却不知道，幸福还是不幸，快乐还是不快，全在于你眼睛怎么看，心里怎么想。

幸或不幸，全在于你看的角度

禅师外出云游，借宿在一个老婆婆家里。一连几天，这个老婆婆都在不停地哭。禅师很纳闷，便问她："你为什么整天都在哭呢？有什么伤心事呀，可以告诉我吗？"

老婆婆说："我有两个女儿，大女儿嫁给了卖布鞋的，小女儿嫁给了卖雨伞的。天晴的时候，我就会想到小女儿的雨伞一定卖不出去，所以忍不住要伤心；下雨的时候，我就会想到大女儿，雨天会没有顾客上门买布鞋，所以会流泪。"

禅师说："原来是这么回事，你这样想不对呀！"

老婆婆说："母亲为女儿担心，怎么会不对呢？我知道担心也没有用，但就是控制不了自己啊！"

禅师开导她说："为女儿担心是没有错，可是你为什么不为女儿们开心呢？你想想，天晴的时候，你大女儿的布鞋店一定生意兴隆；下雨的时候，你小女儿的雨伞肯定十分畅销，你应该天天为她们开心才对呀，怎么会难过呢？"

老婆婆听完禅师的话，豁然开朗。从此，每当想到两个女儿时，无论晴天还是雨天，她都是笑嘻嘻的。

换一个角度看问题，事情就完全变了样。人生不也是如此吗？幸福与不幸、痛苦和快乐就像是硬币的两面，不幸与痛苦在正面，幸福与快乐就会被转到反面；当你把幸福与快乐放在正面的时候，不幸与痛苦也就离开了你的视线。

快乐或痛苦，全在于你是否计较

有个富人一生气就会跑回家去，然后绕着自己的房子和土地跑三圈。后来，他的房子越来越大，土地越来越广，但只要一生气，他仍要绕着房子和土地跑三圈，哪怕累得气喘吁吁，汗流浃背。当他已经很老了，走路都要拄拐杖了，他生气时还要坚持绕着土地和房子转三圈。

一次，富人拄着拐杖绕房子走到太阳下山了还在坚持，他的孙子怕他会有闪失，就跟着他。孙子问道："爷爷！您生气就绕着房子和土地跑，这里面有什么秘诀吗？"

富人对孙子说："年轻时，我一和别人生气，就绕着自己的房子和土地跑三圈，我边跑就会边想——自己的房子这么小，土地这么少，哪有时间和精力去跟人生气呢？一想到这里，我的气就消了。气消了，我就有了更多的时间和精力来工作和学习了。"

孙子又问："那您成巨富了，年老了，为什么还要绕着房子和土地跑呢？"

富人笑着说："老了生气时我绕着房子和土地跑三圈，边跑我就边想——我房子这么大，土地这么多，又何必跟人斤斤计较呢？一想到这里，我的气就消了。"

富人的做法很值得我们借鉴。**仔细想想其实任何事都不会使你生气，让你生气的是你的想法**。你可以让自己变得快乐，也可以让自己痛苦，这都是你的选择。

高兴或烦恼，全在于你如何选择

当我们面对不利处境或者对所面临的问题感到无能为力时，烦恼与忧虑就产生了。对此，很多人觉得天经地义。其实，即使改变不了外部环境，我们还

187

是能决定自己的心境的。

有位一脸焦虑的太太问先生："我们刚买的新车被偷走了，你怎么还笑得出来？"

先生安慰太太说："亲爱的，我们可以因为丢了车而烦恼，也可以因丢了车而快乐。虽然我们的车子被偷了，然而我们可以选择态度和心情，现在我决定选择让自己快乐。"

世上并没有人规定，谁丢了车就一定要烦恼。何况烦恼于事无补，车子绝不会因为你的烦恼而自行回归，相反，它倒会使你的损失从物质扩展到精神。这时，像故事中的这位先生那样，你其实也可以有不同的选择，高兴或烦恼，全在于你自己如何看待。

为失去的月亮哭泣，你还会错过满天灿烂的星星。面对不可能尽如人意的现实，让我们学会选择快乐吧，用积极昂扬的心情，去营造更加美好的人生！

富有或贫穷，全在于你怎么看待

有个年轻人老是埋怨自己时运不济、生活不幸，终日愁眉不展。一天，有个云游的老僧问他："年轻人，你干嘛不高兴？"

"我不明白，为什么自己老是这么穷。"

"穷？我看你很富有嘛！"老僧很肯定地说。

"这从何说起啊？"年轻人问。

老僧没有正面回答，而是反问道："假如今天，我折断你的一根手指头，给你一千元，你干不干？"

"不干。"年轻人回答。

"假如斩断你一只手，给你一万，你干不干？"老僧又问。

"不干。"

"假如让你马上变成八十岁的老翁，给你一百万，你干不干？"

"不干。"

"假如让你马上死掉，给你一千万，你干不干？"

"不干。"

"这就对了，你的财富已经超过一千万了，哪里算是一个穷人嘛？"

还没等年轻人反应过来，云游老僧便笑吟吟地走了。

其实，**贫穷还是富有、快乐还是痛苦，全在于你怎么去看待**。从年轻人的角度看，自己很贫穷；但从老僧的角度看，谁都很富有。

世界是相对的，有真就有假，有善就有恶，有美就有丑，有幸就有不幸，有快乐就有痛苦，有富有就有贫穷，关键是你选择什么。你选择假恶丑，就会活得很累很痛苦；你选择真善美，你的生活就是快乐与幸福的。

3. 身处天堂还是地狱，
由你自己决定

热情地关心和帮助别人，习惯于对别人行善，你就身处天堂；不懂得首先满足别人的利益，只是顾着自己，甚至以伤害别人为代价来实现自己的目的，你就身处地狱！

有一天，菩萨对凡人说："来吧，我让你看看什么是地狱。"

他们走进了一个房间，屋里有一群人正围着一大锅的肉汤。然而，每个人看起来都营养不良，脸上写着饥饿与绝望。他们每个人都有一双很长很长的可以够到锅里的筷子，但筷子比他们的手臂还长，自己没法把食物送进嘴里。他们看上去是那样的悲苦。

"来吧，我再让你看看什么是天堂！"菩萨把凡人领入到了另一个房间。这里的一切和上一个房间没有什么不同。一锅肉汤、一群人、一样的长筷子，不同的是大家都快乐地歌唱着。

"我真搞不懂，"凡人说，"为什么一样的待遇和条件，这个屋的人如此快乐，而另一个房间里的人却那么悲惨？"

菩萨微笑着说："很简单，在这儿，他们会先喂别人。"

热情地关心和帮助别人，习惯于对别人行善，你就身处天堂；不懂得首先满足别人的利益，只是顾着自己，甚至以伤害别人为代价来实现自己的目的，你就身处地狱！

无论身处天堂还是地狱，都由你自己来决定。

真正的地狱

有个小和尚埋怨生活太辛苦，每天都要烧水、做饭、打禅，琐碎的事情太多了。于是，禅师就给他讲了这样一个故事——

有个人死后，去到了阎王殿。到了那里后，这个人发现那里的生活非常安逸。这个人心里就想："我活着的时候生活太辛苦了，现在我死了，终于可以享受了。在这里，每天除了吃饭睡觉，就没有别的事情要干，也不用每天辛苦地工作了，这样的生活实在是太好了！这简直就是天堂嘛！"

然后，他向这里的负责人问道："这里真的是地狱吗？我实在难以想象地狱居然会是这样好！"负责人说："没错，这里就是地狱！在这里你什么都不用做，好好地享受就行了！过一段时间你就会知道，这里其实是真正的地狱。"

这个人想："怎么会呢？这里天天山珍海味，想吃什么就吃什么；还有舒适的床铺，想睡多久都没有人来管。早知道这样，我早就不活了，活着还不如死掉呢！"

于是他就整天吃了睡，睡了吃，快乐得像个神仙。可是时间长了，他就开始觉得十分的寂寞与空虚。于是他找到负责人，说："我每天除了吃饭就是睡觉，这和猪有什么区别呢？我不想再过这样的生活了，你还是给我找一份工作吧！辛苦点我也愿意。"

负责人答道："这里从来就没有工作，想要什么只要一想，马上就能得到，只有工作不能得到！"这个人没有办法，只好回去了。

又过了一段时间，这个人实在无法忍受这样的生活，又去找到那个负责人，说："我不想在这里住了，这种生活实在是令人难以忍受，你还不如让我下地狱呢！"

负责人说："我已经告诉过你了，这里本来就是地狱，你还以为这里是天堂呢？"

直到这时候，这个人才终于明白了什么样的地方才是真正的地狱。

真正的色空

有一次，洞山禅师问云居禅师："你爱色吗？"

云居正在用竹箩晒豆，听到洞山这样问，吓了一跳，箩里的豆子也洒了也来，滚到了洞山的脚下。洞山笑着弯下腰去，把豌豆一粒一粒地拣了起来。

云居禅师耳边依然回想着洞山禅师刚才说的话，他不知道该怎么回答，因为这个问题实在是没有办法回答。

"色"包含的范围太大了！女色、颜色、脸色……你穿衣服挑颜色吗？你吃佳肴喝美酒看重菜色、酒色吗？你选宅第房舍注意墙色吗？你会按照别人的脸色行事吗？你贪恋黄金白银的财利吗？你恋慕妖艳美丽的女色吗？

云居禅师放下竹箩，心中还在翻腾。他想了很久才回答道："不爱！"

洞山一直在旁边看着云居受惊、闪躲、逃避，他惋惜地说："你回答这个问题之前想好了吗？等你真正面对考验的时候，是否能够从容面对呢？"

云居大声说："当然能！"然后他向洞山禅师的脸上看去，希望能得到他的回答，可是洞山只是笑，没有任何的回答。

云居禅师感到很奇怪，反问道："那我问你一个问题行吗？"

洞山说："你问吧！"

云居问："你爱女色吗？当你面以对诱惑的时候，你能从容应付吗？"

洞山哈哈大笑地说："我早就想到你要这样问了！我看她们只不过是美丽的外表掩饰下的臭皮囊而已。你问我爱不爱，爱与不爱又有什么关系呢？只要心中有自己坚定的想法就行了，何必要在乎别人怎么想！"

色即是空，空即是色。**眼中有色，心中无色，才能坦然地面对世间的各种诱惑，辨别出真正的善与恶，看得清真正的天堂与地狱。**

真正的天堂

有个小和尚问老方丈，什么是天堂，什么是地狱。老方丈微笑着给小和尚讲了这样一个寓言——

有只河蚌正张开蚌壳在河滩上晒太阳。这时飞来了一只鹬鸟，一口就啄住了河蚌的肉。河蚌立即把壳合拢了起来，紧紧地夹住了鹬鸟的长嘴。

鹬鸟说："今天不下雨，明天不下雨，你就成了死蚌！"

河蚌说："我今天不放你，明天不放你，你就成了死鹬！"

就这样，两者争持不下，互不相让。这情景被一个渔翁看见了，于是走过来把它们都给一起捉了去。

老方丈开示道，陷入到相互争斗之中，就是身处地狱，因为拼命争斗、互不相让是双方共同的葬礼，受益者永远都在双方之外。只有当双方各退让一步，才能真正保全了对方和自己，使双方都逃离出地狱。

老方丈接着又讲了第二个寓言故事。

话说有一个男孩收到了爷爷送给他的一只小乌龟，男孩很高兴，很想和乌龟一起玩，但乌龟初到陌生的环境，一下子就把头缩进了壳里。男孩用木棍捅他，但小乌龟还是一直都没有把头伸出来。

爷爷看到后对男孩说："不要用这种方法，来，我教你一个更好的方法。"

爷爷和男孩把小乌龟带进屋里，放在暖和的壁炉旁，几分钟后乌龟觉得热了，便伸出头和脚，爬了起来。

爷爷对男孩说："有时候人也像乌龟一样，不要用强硬的手段逼迫他，只要以善意、亲切、诚挚和热情，使他觉得温暖，他就一定会做你需要他做的事情。"

如果你恶意地强求别人听从你的要求和命令，对方就必定会和你抗争，从而就造成斗争或者消极抗议，从而使你和对方都身处于地狱。只要你用你的善意使对方感觉到温暖，他和你都处身在天堂。

4. 红尘看破了不过是浮沉，
生命看破了不过是无常

> 要解脱，就要看破。红尘看破了不过是浮沉，生命看破了不过是无常，爱情看破了不过是聚散罢了。至于烦恼，看破了不过是自找的。

人生了必然会死，这是恒古不变的定律。而佛家还认为："死了还会再生"，生生死死，死死生生，生死是没有止息的。

人，从过去的生命延续到今生，从今生的生命延续到来世，主要就是"业力"像一条绳索，它把生生世世的"分段生死"都联系在了一起，既不会散失，也不会缺少一点点。"生命不死"，就是因为有"业"，像春去秋来，像冬寒转为春暖，一切都是循环，都是轮回。

所以，生，是因缘生；死，是因缘灭。从圣义谛来看，无生也无死。自然就像一个"圆"，好因带来善果，坏因遭致恶果，因果相续，无始无终。无量劫以来，生命在自然循环下历经千生万死。死固然是生的开端，生也是死的准备，所以生也未尝生，死也未尝死。如薪尽火传，生命之火不曾停熄；如更衣乔迁，生命的主人仍未尝改变。所以古来的高僧大德大事已明，生死一如。

任何人都一样有生老病死，不信佛教的有生老病死，信了佛教的一样有生老病死。但是，信仰者和不信仰者，即解脱者和不解脱者对生老病死的感受是不一样的。没有信仰者，即没有解脱的人，对生则喜，面临老死时的那种惊惶、死怖、颠倒真是难以言喻；而对解脱者而言，其感受是，生也不足喜，死也不足悲，生死都是同样的实相。

人生在世，最重要的是生时要活得逍遥自在，对死则要预作安排，使死能像解脱一样美好。

要解脱，就要看破。红尘看破了不过是浮沉，生命看破了不过是无常，爱情看破了不过是聚散罢了。至于烦恼，看破了不过是自找的。

只有肉身来来去去，没有灵魂往往返返

神会禅师前去拜见六祖慧能，六祖问他："你从哪里来？"

神会答道："没从哪里来。"

六祖问："为什么不回去？"

神会答："没有来，谈什么回去？"

"你把生命带来了吗？"

神会答："带来了。"

"既有生命，应该知道自己生命中的真相了吧？"

神会答："只有肉身来来去去，没有灵魂往往返返！"

慧能拾起禅杖，打了他一下。神会毫不躲避，只是高声问："和尚坐禅时，是见还是不见？"

慧能又杖打了三下，才说："我打你，是痛还是不痛？"

神会答："感觉痛，又不痛。"

"痛或不痛，有什么意义？"

神会答："只有俗人才会因为痛而有怨恨之心，木头和石头是不会感觉痛的。"

"这就是了！生命是要超越一切世俗观念，舍弃一切尘想与贪欲的。见与不见，又有什么关系？痛与不痛，又能怎样？无法摆脱躯壳的束缚，还谈什么生命的本源？"

慧能又说："问路的人是因为不知道去路，如果知道，还用问吗？你生命的本源只有自己才能够看到，因为你迷失了，所以你才来问我有没有看见你的生命。生命需要自己把握，何必问我见或不见？"

神会默默礼拜合十。原来生命就是要超越一切世俗观念，舍弃一切尘想与贪欲。

关注美好的东西，忘却不如意之事

有位德才兼备的年轻人一直为自身存在的缺陷而苦恼着。原来，他是一个只有一只胳膊的独臂人，他的另一只胳膊在一次上山砍柴时不慎从山崖上摔下摔断了。

从此以后，他就觉得自己低人一头。看着别人都那么生龙活虎，他实在抬不起头来。

为了战胜这种苦恼，他更加发愤努力，每当钻进书的海洋，他就物我两忘。但是，一放下书本，那种极端的痛苦与自卑又重新向他袭来。

他听别人说哀牢山上住着一位八十多岁的高僧，非常善于开导人。于是他慕名来到山上。

高僧接待了他。年轻人向高僧倾诉了自己的苦恼，然后把那只因为没有手臂而空着的袖子转向高僧，说："不信你看，这就是折磨我多年的缺陷！"

高僧把手伸进年轻人的袖管里，然后抬起头来微笑道："什么缺陷？你的袖筒里什么都没有啊！"

年轻人忽然顿悟，明白了生命的真谛，看破了生活的真相。

在生活中，很多的烦恼都是自己无端自寻的。世间有那么多美好的东西，何必非要把目光停留在那些不如人意的事情上呢？

5. 想摆脱烦恼，
就要看淡名利，看轻得失

> 作茧自缚，为的是完成生命中的完美质变；人作茧自缚，却只会给自己带来局促、隐痛和灾难。可惜，又有几人参透了这"茧"中的世界呢？

名是缰，利是锁，尘世的诱惑如同绳索一般牵绊着众人。一切烦恼、忧愁、痛苦皆由此而来。要想摆脱，首先要舍弃名利，看轻得失。

有个词叫"作茧自缚"，能很好地让我们看清什么才是真正的得与失。蚕的作茧自缚是天性，人的作茧自缚却不是天性，而是自找的。人不吃桑叶，当然也就吐不出丝来。人结茧，用的是不知克制的私欲和奢求。

人们常说，钱财乃身外之物，生不带来，死不带去。但有些人却看见金钱就想占有，于是不知疲倦地聚敛，有的坑蒙拐骗偷扒抢夺，有的则利用手中的职权永无休止地索取。终于有一天，金钱的丝结成了牢不可破的厚茧，将其死死地缚住。这些人看似得到了很多，其实却失去了更多。其中失去的最宝贵的东西是自在、从容、心安理得和真正的快乐。

对权力的欲望、对美色的欲望、对其他种种享乐的欲望，使放纵私欲的人为自己织就了一个个硕大的自缚的"茧子"。蚕作茧自缚，为的是完成生命中的完美质变；人作茧自缚，却只会给自己带来局促、隐痛和灾难。可惜，又有几人参透了这"茧"中的世界呢？

一个贪财的人

有一个贪财的人，拥有数不清的土地和金钱。一个夏日的午后，他去寻找埋在田野里的宝藏。一路上，他口渴得要命，好不容易遇到了一个卖柠檬水的商贩，一问价钱，又觉得太贵了。只见他自言自语地说道："这也太贵了，我要快点儿赶路，等找到宝藏后，再回到家里去喝水，这样就一点儿钱也不用花了。"

他继续赶路，但口渴在不停地折磨着他，等到了埋宝藏的地方，他已经渴得快要死了。

等他挣扎着把宝藏挖出来时，他已经不能动弹了。等他把挖出来的金银财宝放在自己面前，向苍天哀求把它们变成一滴水给自己解渴时，为时已晚。就这样，他死在了满堆的金银财宝之前。嗟呼！人死了，再多的金银财宝又有什么用呢？

得到未必是福，失去未必是祸

得失之间，有时难以计数，也无法丈量。得到未必是福，失去也不一定就是祸。所谓的"得之应得，失之所失"。如果能不执著于表象，而是转换另外一个角度冷眼看人生，那么得失之间就很难在短时间内判断出来一个所谓的正确结果。因为，所有的问题都潜藏着陷阱和机会。如果我们现在正在遭遇着最坏的状况，也一定不要忘记了：人生处处皆藏着令人想象不到的机会，更何况，没有挫折就不会有潜能释放。

其实，祸、福往往是我们亲手造成的。当我们亲手种下福因时，就会结福果；但当我们种下恶因时，就会生出恶果。生活中所发生的每一件事，都绝不是凭空而来，而是件件皆有脉络可循的。祸与福均是个人意念、行为所反映出来的一种结果。"不经一番寒彻骨，怎得梅花扑鼻香"，生活中有许多事情，有时必须用另外一个角度去看待。得失不必看得过重，有时只是一前一后发生的事情，只是存在一个时间差——先来及后到的差别而已。

大发明家爱迪生一生都在发明创造。在1869—1910年间，他一共发明了1328种专利，平均每11天就会有一种发明创造诞生。据说，每当他完成一项发明，在知道这项发明会给他带来大量财富的时候，他都会兴奋地一边跳舞、一边口中还不忘记咒骂这项新发明。跳舞之后，他会告诉大家这项新发明其实并没有什么了不起的，只是他人生的又一个开端。爱迪生用跳舞加咒骂来庆贺发明成功，其中就有着"得福避祸"的睿智成分。

生活就是这样，当它一脸和气地对待我们时，我们往往会感觉事事都很顺利地在进行。但是可能这个时候我们就忘记了，在"福"的背面隐藏的是"祸"，过分张狂，"祸"也许会随之而至。

在很多情况下，祸与福并不是外力强加于我们的。因为人的一生所能够经历的非人力可抗拒的天灾人祸的次数毕竟是有限的，而能够屡屡获得的意外好运也不多见。大多数祸、福是自己在不经意间选择的，只不过当时选择的时候都认为事物会朝着我们所期望的方向发展，而没有想到的是，灾祸也就此埋下了伏笔，让人始料不及。

人生的一切都看似有很多"偶然"掺杂其中，其实又有着某种必然在其中。对于生命本身而言，生活里的祸福就是一道题目，我们要每天硬着头皮做下去，而且还得由我们自己才能找到最终的正确答案。人生的岁月是一条长河，有浪花欢悦，也有激流险滩。驾船而行的我们，一定要把定自己的舵才会平稳前行。

遇到得意之事时，别高兴得忘形，碰到不如意的事情时，也别只是一味地难过。如此，我们人生就一定能"山重水复疑无路，柳暗花明又一村"，惊喜不断，精彩不断。

6. 蜜糖吃多了会患病，
砒霜用得妙也救人

砒霜与蜜糖，犹如恨与爱，恶与善。然而，谁又能说恨与爱不能转化，恶与善不能转变呢？就像蜜糖吃太多了就会患上很多疾病甚至还会致命一样，砒霜用得妙不是也可以救人吗？

有一位妇人来向福林法师哭诉说，她的丈夫是多么不懂得怜香惜玉，多么横暴无情，哭到后来竟说出了这样的话："真希望他早点死！真希望他今天就死！"

法师听出妇人对丈夫仍有爱意，就对她说："通常我们非常恨、希望他早死的人，都会活得很长寿，这叫作怨憎会；往往我们很爱、希望长相厮守的人，就会早死，这叫作爱别离。"

妇人听了，感到愕然。

"因此，你希望丈夫早死，最有效的方法就是拼命地去爱他，爱到天妒良缘的地步，他就活不了啦。"法师说。

"可是，到那时候我又会舍不得他死了。"妇人疑惑着。

"愈舍不得，他就死得愈快呀！"

妇人笑了起来，好像找到了什么武林秘笈，欢喜地离开了。

最好的报复其实是更广大的爱，使仇恨黯然失色的则是无限的宽容。砒霜与蜜糖，犹如恨与爱，恶与善。然而，谁又能说恨与爱不能转化，恶与善不能转变呢？就像蜜糖吃太多了就会患上很多疾病甚至还会致命一样，砒霜用得妙不是也可以救人吗？是善是恶，全在一念之间的抉择。

可怕的嫉妒

《红楼梦》里贾宝玉去问王道士讨要"疗妒"药方，王道士给了他一个方子，说："老了死了，也就不妒了。"宝玉大笑，也自知荒唐，世上怎么会有这样的膏药？

《金瓶梅》除了写人性之黑暗荒凉外，也最会写嫉妒。西门庆周遭，人人都是嫉妒者，男的忙着争名、争利、争宠、争着阿谀逢迎，女的则忙着争宠、争爱、争奇斗艳——正因为常常要自食嫉妒的毒药，所以整部《金瓶梅》里，即便众人寡廉鲜耻、目下无人，也活得决不轻松，时时苦苦挣扎在漩涡之中。嫉妒到相互厮杀的地步，处于漩涡中心的男人日子一定不会好过，但在这样的杀气里，西门庆却能怡然自得，颇为享受。

一个四平八稳、怡然从容、毫无嫉妒之心的女人，会让大多数男人觉得"拿不稳"，心下不安。一个自愿吞下嫉妒毒药的女人，才是自动缴了械，毫无还击能力的。所以嫉妒这一种毒药，在男女关系里，实在是极微妙的东西，所谓你之砒霜，我之蜜糖。

嫉妒常常是由人们心底最脆弱又最在乎的那一部分开始燃起，这个燃点我们不自知，却有强大的破坏力。

在平凡人的世界里，嫉妒这种东西，也一样大有分别。在会欣赏自己和他人的聪明人的世界里，嫉妒能化作"最热烈、最深入、最明显的钦佩"，他的周遭，大多是可尊重、可欣赏、可学习的人；在字典里没有"欣赏"二字的人眼中，世界上的人只分两种：一种让他看不起，一种则让他妒忌不已。这样的人生，处处都是江湖，时时都是刀光剑影——一样的东西，两样的眼光，就可以或是砒霜，或是蜜糖。

可惜的是，大多数人，在很多时候，喜欢痛饮的，却是砒霜。可见，选择善还是恶，归根到底在于自己有一双如何看问题的眼睛。

可怕的温柔

有一种体格健壮的黑驴，每到夏天的夜晚，星星在晴朗的天空闪烁，四周一片寂静时，它们就会来到原野上，惬意地吃鲜嫩的青草。

这时，身材娇小的蝙蝠会悄悄地飞过来，悠然自得地落在黑驴旁边，伸出细小的舌头，先用舌尖温柔地舔着黑驴的踝部，动作很轻很轻，像是和恋人接吻一样。

开始，黑驴似乎有些不习惯那种痒酥酥的亲吻，它不断地抬起后蹄，并且用尾巴来回扫动。但时间一长，也许是蝙蝠的舌尖舔得格外温柔，让黑驴非常舒服，它便不再烦躁不安了，而是继续悠闲地品尝鲜嫩的青草，十分安详。原来，这时的黑驴已经被蝙蝠给麻醉了。

过了一会儿，蝙蝠在黑驴的踝部咬了个小口子，开始吸吮黑驴的血液。又过了一会儿，这只蝙蝠喝饱了黑驴的血，悄悄地飞走了。

随后，又有别的蝙蝠飞来。

一只接着一只，不断地有蝙蝠轮流来吸吮黑驴的鲜血，黑驴却依然毫无知觉，依然在吃着草。但不久之后，原本体格健壮的黑驴便会颓然倒地，一动也不动了。

这种蝙蝠不仅能杀死黑驴，还能够在温柔的舌尖舔吮中把人杀死。于是，人们便把它称之为"杀人蝠"。

黑驴体格健壮，却在不知不觉中死于小小蝙蝠的舌尖下，实在令人触目惊心。其实很多时候，人也很容易犯黑驴同样的错误，被温柔的假象所迷惑，不知不觉陷入到温柔的陷阱里，无法自拔，然后走上毁灭之路。

爱之欲其生，恶之欲其死

孔子曾经这样说过："爱之欲其生，恶之欲其死。既欲其生，又欲其死，是惑也。"

南怀瑾则认为，"爱之欲其生，恶之欲其死"是人类最大的缺点，也是最大的愚蠢。

人人都容易犯这个毛病。即使能够注意，也总会在不经意时出现问题。任人唯亲，是领导经常犯的一个毛病。爱的时候，千方百计的提拔，恨的时候，一棍子打死。爱恨交织是恋人之间常出现的问题。爱的时候，连缺点都是那样迷人，恨的时候，他越对你好，你越讨厌。丈夫与太太，也是这样。

爱屋及乌是对"爱之欲其生，恶之欲其死"最好的注解。

孔子说："既欲其生，又欲其死，是惑也。"这是人类常有的一种矛盾心理。关键是我们在生活中如何能控制好这样一种心理。在爱时，不娇腻，不纵持，不为日后的恨埋下隐患。

即使是教师，也不可避免的出现这种问题。对待学生时，成绩优异的总是呵护有加，生怕出现什么问题，纵然犯了什么错误，也总是那么容易赢得谅解。而一旦因为某种原因变得不再让你青睐时，往往又会因为一个小错误而让你更生厌恶，虽未到"欲其死"的程度，也差不多。就像对那些成绩差、品行差的学生，简直无半点可是之处了，甚至看见就厌恶。

爱之欲给其喝蜜糖，恨之欲给其喝砒霜。爱与恶，犹如菩萨与魔鬼，其实很多时候只在一念之间。

7. 别把自己"缚"起来，外面的世界大得很

所谓极限，往往是自己给自己划的一条线。只要走出自己划下的疆界，你就会发现事情原来可以这么简单；只要你不再"作茧自缚"而是"破茧而出"时，你就会发现，外面的世界其实广大得很，美丽得很！

佛光禅师有一次见到克契和尚，问道："你自从来此学禅，好像岁月匆匆，已有十二个秋冬，你怎么从不向我问道呢？"

克契和尚答道："老禅师每日都很忙，学僧实在不敢打扰。"

时光荏苒，一晃又是三年过去了。一天，佛光禅师在路上又遇到克契和尚，便问道："你在参禅修道上有什么问题吗？怎么不来问我呢？"

克契和尚回答道："老禅师很忙，学僧不敢随便和您讲话！"

又过了一年。一天，克契和尚刚好经过佛光禅师禅房外面，禅师便对克契喊道："你给我过来，我今天有空，到我的禅室谈谈禅道。"

克契赶快合掌作礼道："老禅师很忙，我怎敢随便浪费您的时间呢？"

佛光禅师知道克契如此地过分谦虚，即使再怎么样参禅，也是不能开悟的，所以在又一次遇到克契时，佛光禅师问道："学道坐禅，要不断参究，你为何老是不来问我呢？"

克契仍然说道："老禅师，您很忙，学僧不便打扰！"

佛光禅师当下大声喝道："忙！忙！为谁在忙呢？我也可以为你忙呀！"这一句话，瞬间打入到了克契和尚的心房里，使他立有所悟。

有些人太过顾念自己，不太顾念别人，所以连一点点小事，也会再三地去烦扰别人；有的人太过顾念别人，不肯顾念自己，所以顾虑重重，结果使自己失去了很多的机会。殊不知，其实很多人都愿意被你适度地烦扰，帮助你，给你机会，一如佛光禅师说的"我也可以为你忙呀"。千万不要给自己设下那么多

条条框框，更不要划地为限，否则很难开悟，很难得道。

有位女施主事业有成，大家都很羡慕她。有一次她请一位朋友吃饭，从她家坐车走了好远的路才找到吃饭的地方。朋友说，在附近随便吃点不就成了么？她说，环境太差了。朋友说，不就吃个饭么，你还欣赏人家的环境？她笑了笑说，你不懂！

原来，她总认为像她这样的人，衣服非要名牌不穿、吃饭非要高级餐厅不去、化妆品非要高档品牌不用……所以她每次出去吃饭都要跑很远的路，买一件衣服甚至一套化妆品还要坐飞机去香港、东京、纽约、巴黎，活得很累。

事实上，很多人都或多或少地有这样的积习，自觉不自觉地就给自己贴上了标签：以我的身份、地位，就应当这样！其实，这是在划地自限。外面的世界大得很，你为什么非要把自己圈在一席之地呢？

世上本来就没有非怎么样不可的事情。世界上最好的东西，给谁都不算过分；世界上最差的东西，给谁都别觉得委屈。当你能够不自我设限，而是心里海阔天空时，你的内心就会少很多烦恼，凡事都更能看开。

把"山穷水尽"变成"柳暗花明"

有位男子整天觉得很烦恼，认为生活处处都在跟自己过不去，自己已经陷入到了痛苦的地狱之中，于是便到佛光大师那里寻求解脱之道。佛光大师给他讲了这么一个故事——

有个喝醉酒的人在深夜里跟跟跄跄地寻找着回家的路。走着走着，忽然"咚"地一声，他的头撞到了一个硬梆梆的东西上面，撞得他两眼直冒金星。他往后退了两步，抬头一看才发现，原来是一块路标，上面写着"此路不通"。

醉汉眨了眨眼，定了定神，又糊里糊涂地走了一会儿。这时，他又来到了这块路标前，不小心"咚"地又把头撞得生疼。

他朝后退了两步，抬头一看，原来又是一块路标，上面写着"此路不通"。

醉汉定了定神又糊里糊涂地走了起来，走着走着，头又被"咚"地一声撞痛了。原来，他又来到了这块标牌前。醉汉摸了摸头上撞出的疙瘩，稳了稳神，又继续走路。

走着走着，他的头又被"咚"地一声碰痛了。他朝后退了几步，抬头一看，是一块路标。上面还是写着"此路不通"。

"天啊，我被围住啦！"醉汉绝望地喊道。

世上之人，如醉汉者实在太多。他们在自己在多次碰壁后，便以为无路可走了，却不知道自己只是在同一条路上来回绕弯。**很多时候，我们真的陷入到"山重水复疑无路"的境地了吗？其实，只要清醒一下自己，静一静内心，稳一稳眼神，往往就能"柳暗花明又一村"。**

把"绊脚石"变成"垫脚石"

静林禅师曾讲过这样一个故事。有一个走夜路的人由于碰在了一块石头上，所以重重地跌倒了。他爬起来后，揉着疼痛的膝盖继续向前走。走着走着，他走进了一个死胡同。只见前面是墙，左面是墙，右面也是墙。前面的墙刚好比他高一头，他费了很大力气也攀不上去。这时他忽然灵机一动，想起了刚才绊倒自己的那块石头，心想为什么不把它搬过来垫在脚底下呢？想到就做，他折了回去，费了很大力气才把那块石头搬了过来，放在墙下。踩着那块石头，他轻松地爬到了墙上，轻轻一跳就越过了那堵墙。

在人生路上，谁都有可能碰到"绊脚石"，都可能会遇到"墙"。有些人被"绊脚石"绊倒以后就再也爬不起来了；有些人则突破自限，打开思路，化不利为有利，把"绊脚石"变成了"垫脚石"，从而翻越了那堵阻碍自己的"墙"。

把"作茧自缚"变成"破茧而出"

有个人在河边钓鱼。每当钓到一条大鱼时，他就会把它扔回河里；钓到小鱼时，他就留下来。有一位过路人看到这一情形后觉得很奇怪，就问他："为什么不要大鱼，只要小鱼呢？"

这个钓鱼者回答说："因为我家只有一口小锅，没有大锅呀！"

有些人在做人做事上，都容易像钓鱼者那样自我限制，固执于某种行为或处事模式而同时又对结果不满意。当你去做某件事情时，有些人可能会急忙忙地跑来"提醒"你："这种事是没有办法做到的……"、"这是不可能的……"从而令你"未战先怯"。

佛教里有这样一个寓言。有一天，毛毛虫问蝴蝶："我要怎么样才能变成一只蝴蝶？"

"要成为蝴蝶，首先要有飞行的渴望，其次要有勇气冲出束缚你的茧。"

"那不就是死亡吗？"

"表面上看是死亡，实际上是新生。在现实生活中，这就是差别。有的成为了蝴蝶，有的则因逃避而死亡。"

佛祖说，众生的"未知"永远大于其"已知"。当一个人说"不可能"时，只是代表在其"已知"内的方法都已经试过却没有奏效而已。所谓极限，往往是自己给自己划的一条线。只要走出自己划下的疆界，你就会发现事情原来可以这么简单；只要你不再"作茧自缚"而是"破茧而出"时，你就会发现，外面的世界其实广大得很，美丽得很！

Chapter V

懂得惜福，
才会有福

只有怀抱善良、慈悲、包容、仁爱、无争执、无仇恨，人间才是快活的天堂。而一个心灵苦旱的人，与其渴求远大的虚幻云影，不如珍惜身边的点滴甘露。

1. 向往别人的美好，
不如珍惜你如今的拥有

人们常常会为失去的机会或成就而嗟叹，却往往忘记了为现在所拥有的感恩，不明白发生就是一种恩典。其实，一切都不是理所当然的。当你向往别人的美好时，更要懂得珍惜你如今的拥有。

钦山和尚与雪峰禅师一起前往江西洞山。停下来歇息的时候，雪峰脱下鞋，发现又磨破了两处衬底，不觉惋惜地说道："您挺着点，咱们还要走三个多月才能到达江西洞山呐！"

钦山见雪峰对着一个鞋子自言自语，忍不住笑了，说道："对一双鞋子也这样礼拜，真是有佛心啊！"

雪峰说道："懂得珍惜的人，才能领悟生命的奥秘啊！"

正说着，钦山忽然叫喊起来："看！河里漂下来一片菜叶！河流上游肯定有人家，我们到那里去度人吧？"

雪峰说："这么好的菜叶居然丢掉，实在是太可惜了，这样不知道珍惜的人太不值得我们去度了，还是到别的地方去吧！"然后伸手把菜叶捞了起来。

两人正要起身离去的时候，忽然看见一个人顺着河水飞跑下来，大声地喊道："喂！喂！和尚，你们有没有看见一片菜叶从上游漂下来？那是我刚才洗菜时一不小心被水冲走的，要是找不回来就太可惜了，多好的一片菜叶呀！"

雪峰把菜叶从兜里拿出来，递给了那个人。那个人高兴得笑了："好哇！终于找回来了！"

不知道珍惜生活中的一点一滴，又怎么能够认清生命的本来面目呢？二人互相望了一眼，便不约而同地向上游走去。

懂得珍惜，就有佛心。懂得珍惜才能领悟生命的奥秘，懂得珍惜才能真正

拥有你想要的，懂得珍惜就已经拥有了真正美好的东西。

向往别人的美好时，更要珍惜你的拥有

有位企业家在商场上有着惊人的成就。当他在事业达到巅峰时，有一天，他陪同父亲到一家高贵的餐厅用餐，现场有一位琴艺不凡的小提琴手正在为大家演奏。

这位企业家在聆赏之余，想起了当年自己也曾学过琴并且为之痴迷，便对父亲说："如果我从前好好学琴的话，现在也许就会在这儿演奏了。"

"是呀，孩子，"他父亲回答，"不过那样的话，你现在就不会在这儿用餐了。"

人们常常会为失去的机会或成就而嗟叹，却往往忘记了为现在所拥有的感恩，不明白发生就是一种恩典。其实，一切都不是理所当然的。当你向往别人的美好时，更要懂得珍惜你如今的拥有。

人世间最重要的，是你正在拥有的

有一个樵夫，每天上山砍柴，日复一日，过着平凡的日子。

有一天，樵夫跟往常一样上山砍柴，在路上捡到了一只受伤的银鸟。银鸟全身包裹着闪闪发光的银色羽毛，樵夫欣喜地说："啊！我一辈子都从来没有看到过这么漂亮的鸟！"

于是，樵夫把银鸟带回了家，用心地替银鸟疗伤。

银鸟在疗伤的日子里，每天唱歌给樵夫听，使樵夫过着快乐的日子。

有一天，邻居看到了樵夫的银鸟，便骗樵夫说，他曾看到过金鸟，金鸟要比银鸟漂亮千倍，而且，歌也唱得比银鸟更好听。樵夫无限联想，原来还有金鸟啊！从此樵夫便每天只想着金鸟，而不再仔细地聆听银鸟清脆的歌声了，他的内心也因此越来越不快乐。

有一天，樵夫坐在门外，望着金黄的夕阳，想着金鸟到底有多美。此时，银鸟的伤已经康复，所以准备离去。

银鸟飞到樵夫的身旁，要最后一次唱歌给樵夫听。樵夫听完，只是很感慨地说："你的歌声虽然好听，但是比不上金鸟；你的羽毛虽然很漂亮，但是比不上金鸟的美丽。"

银鸟唱完歌，在樵夫身旁绕了三圈后便行告别，向着金黄的夕阳飞去了。

樵夫望着银鸟，突然发现银鸟在夕阳的照射下，变成了美丽的金鸟。原来，他梦寐以求的金鸟，就在那里。只是，金鸟已经飞走了，飞得远远的，再也不会回来了。

其实，我们常常在不知不觉之中便成了樵夫，而自己却不知道，不知道原来金鸟就在当下，就是自己已然拥有的银鸟。**懂得珍惜，才会拥有。在这个世界上，什么是最重要的呢？它既不是你失去的，也不是你没有得到的，而是你正在拥有的。**

与其关注无法挽回的，不如好好珍惜依然拥有的

有这样一个发生在日本剑客柳生十兵卫身上的传说。

柳生十兵卫年少时，有一次与要求严厉的父亲比剑。父亲铁手无情，将他的左眼刺伤。没想到十兵卫的即时反应，却是以手掩住自己的右眼。父亲诧异地问道："你的左眼受伤了，理应以手掩住左眼才是啊。为什么会掩住右眼呢？"

十兵卫回答道："左眼既然已经受伤了，掩住又有什么益处呢？当务之急，必须保住右眼，不再令其受伤了。只要我仍然留得一只健全的眼睛，终必练成剑术，击败对手。"

如果我们也像十兵卫那样，失去了左眼，会记得首先保护住自己的右眼，还是会去掩住已经无可挽回的左眼呢？

与其把关注放在伤了的、废了的、死了的、永远不可能挽回的，还不如好好地珍惜健康的、健全的、健在的、拥有的！

2. 大多数人并不在意你，
所以要善待真正爱你的人

真正爱你的人，也许不会说任何华丽的语言；真正爱你的人，也许说不出什么甜言蜜语海誓山盟；真正爱你的人，也许给不了你金钱和美色，但真正爱你的人，一定是在你大难来临时，在你最悲伤的时候，陪着你的那个人。

有个年轻人经常听父母说"等你们做了父母就知道了"这句话，颇为不解。

一天，父母一早要他一块儿去地里刨地，年轻人嫌刨地累，撒谎说自己有点急事就出去了。在路上游荡了不久，他遇到了一位高僧，便向高僧求教："为什么我父母老爱对我说'等你们做了父母就知道了'这句话，现在的我和父母到底有什么不同？"

高僧说："我这里有一面神奇的镜子，它现在就可以告诉你答案。"

那个年轻人走到镜子前，这时天空突然乌云密布，滚雷阵阵，眼看一场暴雨就要来临了，年轻人只见镜子里的自己焦急地说："糟了，我没有带伞，这可怎么办？"年轻人正说着，乌云已渐渐散去，天空瞬间又变得晴朗起来。

年轻人不解地问高僧："这和普通的镜子没有什么不同啊，它并没有告诉我答案呀。"

高僧笑了笑，对年轻人说："别急，你再来看。"

年轻人再次看镜子的时候，却看见父母正匆忙地奔走在暴雨里，看来父母是去刨地了，肩上扛着锄头，裤管上还沾着泥。只听到母亲边走边焦急地对父亲说："孩子出门没带伞，千万别淋在路上。"父亲担心地说："别生病了。"

高僧语重心长地对年轻人说："父母时刻都在想着自己的儿女，而儿女往往想到的只是自己，这就是父母与儿女的区别！'等你们做了父母就知道了'的念意是，**等你们做了父母，才会明白父母有多爱你们；等你们做了父母，才会**

知道父母对孩子是多么的恩重如山；等你们做了父母，才会了解谁是真正爱你的人！"

大多数人其实并不在意你

有一句谚语说得好："20岁时的人，会顾虑旁人对自己的看法；40岁时的人，已经不理会别人对自己的想法；60岁时的人，发现别人根本就没有想到过自己。"

大多数人其实并不在意你。真正在意你的人，往往是爱你的人。而在这个世界上，真正爱你的人并不会太多。因此，你不要太在意别人的看法，你只要在意真正爱你的人对你的看法就可以了。

事实上，不是真正爱你的人对你说过什么，对方很快就忘记了，而你却常常记着，特别是赞美自己和批评自己的话。赞美自己的话可以带来开心，这种在意倒还有些必要。但在意批评的话，难免会给自己带来糟糕的心情，这就很不值得啦。

有一位学生，是学校里大家公认的"歌星"，无论多么高难度的歌曲，经他的嘴一唱，总是变得轻松动听。

有一次，学校举办歌咏大赛，他连预选赛都没有参加，就被班主任直接保送进了决赛现场。但是，由于精神紧张，他在比赛中完全没有发挥出自己应有的水平，只得了最后一名。

这件事已经过去了很长时间了，他还在因此而郁郁寡欢。他一遍遍地到班主任那里去解释："我那天有点感冒了，嗓子哑了，否则，我一定能取得名次的。"

老师安慰他："没有关系，我相信你！"

可是他仍然见了老师就提这件事情，把老师搞得恨不能远远地躲开他。

在生活中，很多人都太在意自己的感觉了，把自己搞得敏感兮兮的。有些人在路上不小心摔了一跤，惹得路人哈哈大笑，摔跤者在尴尬之下，还会认为全天下的人都在看着自己出丑。但是，若我们能将心比心，换位思考一下，就会发现其实这种事只是路人们生活中的一个小插曲而已，甚至于他们在哈哈一笑之后，就早已经抛诸脑后了，只有当事人还执著于心，没能放下！

真正爱你的人，才会把你的一举一动都放在心上，他们会为你的快乐而快乐，为你的悲伤而悲伤。但真正爱你的人，肯定不会嘲笑你的丑态，不会看不起你的缺点，他们只会鼓励和支持你！

大多数人其实并不在意你，每个人都有自己的事情要做，并没有多少时间把注意力完全集中到我们身上，无论我们是出彩还是出丑了。认清了这一点，也许你就能"放下"心中的包袱，轻松地享受生活了。

真正爱你的人，大难来临时会在你身边

真正爱你的人，除了你的父母兄弟姐妹，还有你的爱人。但并非只要是你的亲人，就一定是真正爱你的人；也不是跟你非亲非故的人，就不会是真正爱你的人。**那些在你遭遇悲伤时，能和你一起痛苦、陪在你身边安慰的人，必定是真正在意你的人。**

有一个丰神俊朗的才子，少年得志，凭借出色的文章和畅销的著作名满天下，有车有房有事业有地位，并且英俊不凡。很多女子爱着他，而他，却分不清楚什么是爱，什么是喜欢。于是他打算想恋一辈子的爱，而绝不作茧自缚，走进围城。他认为自己这么优秀，是断不肯与一个女子厮守到老的。

快到而立之年时，他遭遇了人生两件大事。第一件事情，就是认识了其貌不扬的她。她不懂诗歌，不懂文学，却默默爱着他。她很平凡，和他分居两个城市，关心他的方式，只是长途电话，或者手机短信。一句普通的叮咛，一句普通的问候，对于他来说，实在是微不足道的关怀。他知道她爱着自己，但是却以一种轻佻对待她，从来不许任何承诺。

另外一件事情，发生在一个雪夜，他最爱的人，他的母亲，在故乡悄然病逝。得知这个消息后，他不顾外面的风雪，甚至来不及为自己加衣，便衣着单薄地连夜赶往了故乡。一路上，他泪水横流，想着自己来不及反哺，却忽然失去了母亲。他为母亲守灵的夜晚，接到她的长途电话。他只说了一句"我母

亲，走了"，然后，长声痛哭。她久久沉默之后，才挂了电话。

第二天的傍晚，雪越下越大，村里积满了厚厚的雪，行人一不小心就会滑倒。这时，有人告诉他，有个陌生女孩在村口打听他。他迎接了出去，远远的就看到了一个女子，正是他曾经最轻慢的她。此刻她满身的雪花，脸冻得红红的，手不停地搓着取暖。他大步走上去，猛然抱住了她，那一刻，他流着泪望天，知道这是天堂里的母亲送给他最后的礼物。

那几天，他其实接到了无数女子的电话，听到了各种各样华丽语言的安慰，却没有人如她那样，肯夜行千里来到一个从来不曾来过的贫瘠的山村，在大难来临的时候，陪在他身边，用自己最纯洁的举动，给他最温柔细致的关怀。她是真正爱他的人。

真正爱你的人，也许不会说任何华丽的语言；真正爱你的人，也许说不出什么甜言蜜语海誓山盟；真正爱你的人，也许给不了你金钱和美色，但真正爱你的人，一定是在你大难来临时，在你最悲伤的时候，陪着你的那个人。

3. 恰到好处的适度，是身心健康的前提

把对的推向极端，它就成了错的；把甜橙的汁水榨干，它就成了苦的。即使是赏心乐事，也决不要走极端。思想敏锐得过了头，就是迟钝；牛奶挤得太多，最后挤出的是血，而不是奶。从这个角度来看，适度是头等大事。

在泰山脚下有一块"三笑石"。传说从前有三位百岁老翁，经常在这块石头前锻炼身体，言古论今，个个神采奕奕，满面春风。有一天，他们各自介绍了自己的养生长寿秘诀。

甲说："饭前一盅酒。"

乙说："饭后百步走。"

丙说："老婆长得丑。"

三人哈哈大笑，"三笑石"从此得名。

三位老翁的养生长寿秘诀十分简单，却颇耐人寻味。其实他们讲的是一种恰到好处的协调和适中。

"饭前一盅酒"讲的是适量饮酒可以延年益寿；"天天多行走，能活九十九"，说明适量的步行可以长寿；"老婆长得丑"其语诙谐，意思是说，妻子长得丑，就不会贪色过度。

恰到好处的适度，是身心健康的前提。**其实，需要恰到好处的适度的，又何止是身心健康呢？而当你在一生中的方方面面，都能恰到好处的适度时，你就能从容地生活，享受到更多的幸福。**

不可四尽

宋朝有一位禅师名叫克勤，就是佛果圜悟禅师。当年，他在苏州太平寺担任住持的时候，他的师傅五祖法师曾对他说："担任这座寺院的住持，其实就是给你自己的劝诫。"五祖所指的是《法演四戒》，分别有四点：一是福不可享尽，二是势不可使尽，三是好话不可说尽，四是规矩不可行尽。

获此戒的佛果圜悟禅师最终获得了上乘的智慧，成为了宋朝的大禅师。《法演四戒》其实也给了我们人生很好的启发。在生活中，我们经常会过于沉溺在上天赐给我们的幸福中，但如果你不知道爱惜的话，这个幸福的源泉就会逐渐枯竭，同时，为你带来幸福的"缘丝"也会为之断绝。

我们一定要学会适度。**人往往很容易顺着时势去做一些事情，但这正是危机。若我们能懂得"功成名就，身退，天之道"，便能使危机变为转机，就不会使势行尽了。**

不要苛求

有个人有一张漂亮的由檀木做成的弓。这张弓射箭又远又准，因此他非常珍惜它。

有一次，这个人仔细观察它时想：还是有些笨重，外观也无特色，我去请艺术家在弓上雕一些图画，这样一定会更好。于是他去了，然后艺术家在弓上雕了一幅完整的行猎图。

当这个人拿着这张完美的弓时，心中充满了喜悦。"你终于变得完美了，我亲爱的弓！"这个人一面想着一面拉紧了弓，这时，弓"咔"的一声断了。

我们有时候是不是也像这个人那样，对别人太过苛求，对事情太过追求完美？殊不知，正是由于你太过苛求完美，到最后连你应该得到的都会失去。

万物皆不完美，人生总有缺憾。当你凡事苛求时，结果可能只会让自己因沉重的心理负担而郁郁不快。唯有你能懂得凡事适度的道理，才能使自己活得从容、轻松和淡然。

把对的推向极端，它就成了错的；把甜橙的汁水榨干，它就成了苦的。即使是赏心乐事，也决不要走极端。思想敏锐得过了头，就是迟钝；牛奶挤得太多，最后挤出的是血，而不是奶。从这个角度来看，适度是头等大事。

见好就收

有个人想出了一个捕捉火鸡的好办法。他把箱子制作成一个有进无出的陷阱，一旦火鸡进去了，只要他把进口堵上，火鸡就再也难以逃出来了。

这天，他抓来一把玉米，从箱子外面一路撒下去，一直撒到箱子里面，然后他在箱子盖上系了一根绳子，自己攥着绳子的一端，远远地躲在一边，等着火鸡的到来。只要他把绳子轻轻一拉，箱子盖就会关上，火鸡就跑不出来了。

不一会儿，一群火鸡看到了玉米粒，都欢快地啄食起来，这个人数了数一共有10只呢。10只够他吃好几天的了。有3只进箱子里了，已经有7只了，8只了，他盯着外面的两只火鸡，要是它们也进去了，自己就可以一个礼拜不用出来打猎了。

这个人正想着，一只火鸡溜了出来。他懊悔地想刚才真该拉绳子。如果再进去一只我就关，他这样想。可是又出来两只，在他想的时候又跑出来两只……最后，这个人眼睁睁地看着那群火鸡吃得心满意足地离去了。箱子里什么都没有了，包括他的玉米粒。

凡事都别太贪了，见好就收吧！世界上永远都有拿不完的金银财宝，但再多的钱财也买不来长生不老。**当你坐拥金山银山，却要生命将逝时，才明白什么对你是最重要的时候，一切皆为时已晚**。因此，无论做什么，都要懂得适度，知道见好就收。

4. 懂得惜福，才会有福；
关注快乐，才会快乐

人的未来如同太阳西升，是没影子的事，为什么要为眼前的事烦恼呢？烦恼、挂虑、忧伤、痛苦，如果整日计较这些，生活就太辛苦了！懂得惜福，才会有福；关注快乐，才会快乐。

生活中有很多人都羡慕别人的生活。有两位多年未见的老朋友，一位在一家工厂做普通工人，另一位开着八家连锁店。老友相见，自是感慨良多。

工人对老总说："你老兄混得好哇！如今是要什么有什么。"话里带着一点自叹不如和悲凉。老总笑着说："老弟，我要说我过得并不舒服，你可能不信吧？"工人瞪直了眼睛："你是不是有点身在福中不知福哇，整天吃的山珍海味，周围都是漂亮小姐和高科技人才，到哪里都是前呼后拥，你还说自己不舒服？"老总笑着说："那好吧，你就和我一起待上几天试试吧！"工人答应了。结果和老总呆到第三天，工人就主动提出要回家了。老总再三挽留，工人还是拒绝了。工人真诚地说："本以为你的生活很舒服，可现在你要和我换我还不干呢！"

原来，这两天工人和老总寸步不离。老总一天要接数十个电话，两天时间，有十几个小时是在飞机上度过的，余下的时间是处理公司的各种事务，夜里12点钟，还在陪客户吃饭，唱卡拉OK。好不容易睡上几小时，刚到了凌晨，一个电话就把他叫醒了，于是新的一天又开始了轮回。所以，工人受不了了，他觉得老总还没有他幸福呢。至少他有自己可支配的时间，至少他有充足的休息时间。

无独有偶，凌小姐很羡慕嫁入豪门的万太太，看到好友穿金戴银奢侈消费的时候，自己总是生出一些怨恨来，为什么我就没有那个命呢？直到有一天，在万太太向她哭诉丈夫的不忠、婆家的刁难、一个人独守空房的寂寞时，她才发现原来自己有丈夫陪伴、幼子相偎，这种幸福也是很令富豪太太们眼热的啊！

懂得惜福，才会有福。学会珍惜是很重要的，很多时候，我们看到的羡慕的，都是别人表面上的生活，别人这些风光背后的辛酸和苦涩，我们不一定能看得到。所以，**不要埋怨你的工资太少，不要埋怨你的丈夫不会赚钱，不要羡慕别人的宝马香车，不要羡慕大款们的挥金如土，因为你不用付出他们那样的代价。而你目前所拥有的平凡生活正是他们求之不得的**。珍惜当下吧，也许活在当下也是很适合你的。即使不适合你，你也可以安然接受，同时努力奋斗，去追求真正能为你带来幸福的生活。

与其渴求远大的虚幻云影，不如珍惜身边的点滴甘露

有个富商碰见了一个乞丐。那个乞丐说："你是我以前的旧相识，能给我一些钱吗？"富商仔细地看了看那个人说："我认出你了，你家里不是挺富裕的吗？怎么会沦落到这般田地？"

乞丐说："唉！去年的一场大火将我的全部财产都夺去了。"

富商问："那你为什么要当乞丐呀？"

乞丐说："为了要钱来买酒呀！"

"那你为什么要喝酒？"

"喝了酒，才有勇气乞讨呀！"

富商脑中轰然一声，似乎看见了愚痴人间的愚痴众生。他感叹道："世人谁不是这样愚痴一生呢？为了酒、色、财、气耗尽了一生，最终还是尘归尘，土归土，这又何必呢？"然后，他去拜访智封禅师，请示道："我的未来会怎样呢？"

智封禅师笑着说："太阳从西边升起，照在树上没有一点儿影子！"

"太阳照在树上怎么会没有影子呢？西边，你确定是西边吗？"富商问道。

智封禅师却微笑不语。过了好一会儿，富商顿悟。人的未来如同太阳西升，是没影子的事，为什么要为眼前的事烦恼呢？烦恼、挂虑、忧伤、痛苦，如果整日计较这些，生活就太辛苦了！懂得惜福，才会有福；关注快乐，才会快乐。

只有怀抱善良、慈悲、包容、仁爱、无争执、无仇恨，人间才是快活的天堂。而一个心灵苦旱的人，与其渴求远大的虚幻云影，不如珍惜身边的点滴甘露。

与其日后追悔莫及，不如好好珍惜当下

生命中最重要的时刻，不是过去，也不是未来，而是现在，是此时此刻，因为只有现在我们才能够感受到自己的存在。

有一天，一个长得非常漂亮的女人跑到一个哲学家的门口告诉他："哲学家，我好想嫁给你。和我结婚吧！娶了我，你将是世界上最幸福的人。如果你不娶我的话，再也没有一个会像我这么爱你的女人了。"

年轻的哲学家对姑娘说："让我考虑一下吧！"

从此，哲学家用他的哲学思维方式来衡量结婚和不结婚的好处。好些年后，他发现结婚和不结婚的利弊相等，于是决定尝试一下没有走过的路。他找到了女孩家，推开了门，看见女孩的父亲正坐在屋子里。他忐忑不安地对女孩的父亲说："我想好了，我要娶你的女儿。"

女孩的父亲看看眼前的哲学家说："你已经来晚了，她现在已是三个孩子的母亲了。"

不久，哲学家就在抑郁中死去了，死前他烧毁了生前所有的著作，最后只留下了两句话："**前半生不要犹豫，后半生不要后悔！**"

人世间有很多人，在其前半生中确实因为犹豫而失去了很多机会，包括生活、事业、情感等等。俗话说："走过路过，不要错过。"因为不经意间，我们就错过了一些生命中很重要的人和事。不是我们不明白，而是我们太犹豫，没有抓住，所以生活中才有那么多的遗憾和不堪回首。但**过去的已无法挽回，我们能做的就是好好珍惜当下，把握现在，别再留下更多的遗憾。**

懂得惜福，才会有福。心中存有幸福，幸福就在你的身边。每个人都要学会珍惜眼前的实实在在，不要总是这山望着那山高，马不停蹄地疲于奔命。谨记，一味盲目地去追寻那虚无缥缈、遥不可及的幸福，你就会错过所有路边的最美的风景。

5. 过日子不能太过虚荣，
否则容易吃上大苦头

中国人是很在乎面子的，如果一件事让他在实利上吃了亏，但却有相应的精神上的好处，即有了面子，那么他大抵是会高兴的。反之，如果丢了面子，即使得了实利的好处，也会很不高兴。

树活一张皮，人活一张脸，脸皮就是面子；须知，你敬我一尺，我还你一丈，人情就是面子；须知，一个篱笆三个桩，一个好汉三个帮，关系就是面子。

每个人都会或多或少地拥有虚荣心，但正如谚语所说："一切恶行都围绕着虚荣心而生。"如果我们太过努力去满足自己一时的虚荣心，付出的就会是一辈子的幸福。

我们回想一下就会发现，自己平素恐怕都或多或少因受虚荣心的驱使，而说过一些可笑的话，做过一些可笑的事。只是有的言行无伤大雅，有的言行令人生厌，有的言行不仅未能博得虚荣反而招辱惹祸。

虽然虚荣心很难说是一种恶行，然而一切恶行都围绕着虚荣心而生，都不过是满足虚荣心的手段，那么我们过日子就不能太过虚荣，以免吃上苦头。

能忍非常侮辱者，最受大家之尊敬

白隐禅师一个人过着平静随和的生活，人们都说他为人纯洁，心地善良。

有一次，白隐禅师住所附近的一个女孩还没有结婚就怀孕了。她的父母知道了这件事情后非常生气，逼着让她说出孩子的父亲是谁，并且发誓要惩罚那个不知羞耻的人。那个女孩开始时死活也不肯说，但在父母的逼迫下，她最终承认孩子的父亲是白隐。

女孩的父母怒火中烧，前去找白隐理论："平日里我们还以为你是一个品德高尚的人，没想到你居然会做出这样的事来！既然做了就出来承认，收留自己的孩子吧！"面对指责，白隐面色平静，只说了一句话："是这样的吗？"然后就答应收留了那个孩子。

孩子出生后，白隐便马上接来照顾。他从邻居那里得到了牛奶、食物和一切孩子所需要的东西，尽自己最大的努力来照顾这个孩子，不管别人用什么样的眼光看他。好在邻居都尽全力来帮助他，因为没有一个人相信白隐是那样的人。但是，闲言碎语还是少不了的。

一年过去了，因为无法忍受思念孩子的苦痛，女孩将真相告诉了她的父母——原来孩子真正的父亲是一个贫寒的年轻人，他们已相爱多年，但因为害怕父母不承认这个女婿，所以才做出了那样的事来。事情发生后，又因为害怕而不敢把真相说出来，就欺骗父母说，那个孩子的父亲是白隐。女孩的父母知道了真相后，痛斥女儿不该说这样毁人名声的假话，然后立刻去找白隐，并把事情的真相告诉了他，向他表示了深深的歉意，请求他的宽恕，然后要求把孩子带回去。白隐把孩子送还给了他们，只说了一句："是这样的吗？"

接过白白胖胖的小孩，这家人对白隐感激涕零，从此到处传扬他的品德。于是，白隐禅师便成了那一带最受大家尊敬的人。

面对巨大的委屈、众人的误解、照顾小孩的艰辛，白隐禅师却只用一句"是这样的吗"便轻轻带过了，这样的忍辱，一般人是做不到的。

世上一切牵绊，都是忧和烦恼

一位老僧深有感触地说："活着是一种折腾，是一种不断被欲望折腾来折腾去的过程。所有的情啦，欲啦，都是烦恼之源，是烟云之物。想想，走了，能带走什么？名啦，利啦，你能带走多少？唯一能带的，将是你的真与灵了。"

小徒弟说："所以我才要活得快乐些，因为死后根本带不走快乐。"

老僧缓缓摇头，"你如何明白快乐？真正的快乐你明白吗？而且，快乐仍是情。无情，才是佛。"

"真与灵是什么？"

"真就是佛，灵也是佛。"

小徒弟有些糊涂了："我不懂您的话。"

"有个一心向佛的人，苦苦悟什么是佛，参了很久，也没悟出。就去拜访佛，那天，佛知道他要来，就在他把门推开时，猛地把门关了。那个人就敲啊敲啊，敲了很久，又喊，佛就在屋里诵经。那个人嗓子喊出了血，佛就是不开门，他只好回去了。在回去的路上，那个人猛然悟出了什么是佛。"

小徒弟更迷惑了："什么是佛，吃闭门羹就是佛吗？"

"对了。"老僧说，**"吃了闭门羹就是佛。因为这就是真。"**

小徒弟说："您要是圆寂了，也是佛吗？"

老僧但笑不语。

"那您所说的灵呢？"小徒弟又问。

"孩子啊，你怎么能明白呢？我怎样解释你才明白？灵是一种超脱，一种真气。"老僧叹口气，"在尘世之中，唯有佛能够避开忧和烦恼，避开了，就是灵。"

"在佛的眼中，什么是忧和烦恼？"

老僧轻轻地说："世上一切牵绊，都是忧和烦恼。"

古人云："持身如泰山九鼎凝然不动，则愆尤自少；应事若流水落花悠然而逝，则趣味常多。"把幸福和快乐看得淡些，追得缓些，它们反而会自动来到你的身边。

6. 要开心每一天，
就需要更多的"觉悟"

> 要开心每一天，我们就需要更多的"觉悟"。如何去做呢？看清自己，认识自己。活着，只要能对自己有一种清醒的认识，就能活得明白，活得真实，活得从容，活得快乐。

古刹里新来了一个小和尚，他积极主动地去见方丈，殷勤诚恳地说："我新来乍到，先干些什么呢？请方丈支使指教。"

方丈微微一笑，对小和尚说："你先认识和熟悉一下寺里的众僧吧。"

第二天，小和尚又来见方丈，殷勤诚恳地说："寺里的众僧我都认识了，下边该去干些什么呢？"

方丈微微一笑，洞明睿犀地说："肯定还有遗漏，接着去了解、去认识吧。"

三天过后，小和尚再次来见方丈，满有把握地说："寺里的所有僧侣我都认识了。"

方丈微微一笑，因势利导地说："还有一人，你没认识，而且这个人对你特别重要。"

小和尚满腹狐疑地走出方丈的禅房，一个人一个人地寻问着、一间屋一间屋地寻找着。在阳光里、在月光下，他一遍一遍地琢磨、一遍一遍地寻思着。

不知过了多少天，一头雾水的小和尚，在一口水井里忽然看到自己的身影，他豁然顿悟了，赶忙跑去见老方丈……

世界上有一个人，离你最近也最远；世界上有一个人，与你最亲也最疏；世界上有一个人，你常常想起，也最容易忘记……这个人，就是你自己。

人最难做到的就是认识自己

人这一生最难做到的就是认识自己，所以古希腊的智者在太阳神阿波罗的神庙门上留下了这样的警训："人啊，认识你自己！"

看不清自己，不认识自己，结果往往就是活不明白，不明白自己为什么要活着，不明白人活着有什么意义。如果活了一辈子，连自己真正想要的是什么、自己应该去干些什么都没搞清楚究，又何谈活得幸福、做出成就呢？

很多人活得够用心、够努力、够忙碌、够辛苦，但就是活得不快乐、不幸福、不成功，因为他们看不清自己，不知道自己真正需要的是什么，不知道什么该坚持什么该放弃。

佛法里面有一个词叫"觉悟"，什么是觉悟呢？觉是"⺌"字头，下面一个看见的"见"，悟是竖心旁加一个"吾"，所以"觉悟"本初的含义就是"见我心"，也就是"有能力看见自己的心"。

人们总是喜欢去关注别人，却忘了花点儿时间去审视自己，于是便有了诸多烦恼。其实人这一生应付自己就够头疼的了，何苦再把别人的烦恼加诸于自己身上呢？

要开心每一天，我们就需要更多的"觉悟"。如何去做呢？看清自己，认识自己。活着，只要能对自己有一种清醒的认识，就能活得明白，活得真实，活得从容，活得快乐。

人最难得的就是做自己的主人

我们每个人都是一个故事，每个人的生活都是一部长篇小说。当人们总爱在生活上找到依靠、找到附点的时候，他们似乎忘却了自己的生活要由自己做主，唯有自己才是自己世界的主角，自己才是自己剧中的导演。

生活中，也许很多人都会发出这样的内心感慨：从上学到现在，从来都没有为自己做过主，一直都把那个属于自己的梦想放在最后的位置，完成了父母的心愿，考上大学，却在众人的欢呼雀跃中感受到了自己的失落，成就了别人，委屈了自己，这是我想要的幸福吗？难道真的就这样与自己的理想失之交臂了吗？

自己把握人生，是对自己生命的主动出击，是对自己生命价值的自我掌握，是对自己人生旅程的自动调节。

自己做主，就是自己掌控自己的生活，自己规划自己的人生轨迹，对自己的爱好、事业、前途、婚姻，以及要什么，不要什么，心里很清楚，并有自己独到的看法和主张。

说到底，生活中一个人有没有主张，关键是看他心中有主还是无主。**心中有主，走在人生的路途，就比较可能游刃有余，伸展自如，挥洒别具一格、精彩纷呈的生活景致。**心中无主，则容易随波逐流，显现出忐忑难安的生活基调，极易彷徨失落，不堪一击。

唯有做自己的主人、主宰自己的生活、掌握自己的命运，方能还自己一个快乐逍遥的自由身。我们每个人在这个世界上都是独一无二的，没有任何人能够替代我们自己的思想和行为，更没有人可以独揽我们的生活，操纵我们的生活，替我们的生活做主。

生活是自己的，快乐不快乐、幸福不幸福，只有自己知道，谁都不能替你幸福快乐，也不能替你做主，唯独自己做主的生活，才是真正专属于自己的生活！

Chapter VI

播下"善"的种子，
结出"幸福"果实

　　付出就是在积善因，而善因就是一粒粒幸福的种子，培育好了，就能长出一朵朵幸福的花儿，在芬芳了众人的同时，也陶醉了自己。

1. 想经常吃到好果子，就要弄清为何会成为幸运儿

有前因才会有后果，果与因从不间断。你现在所做的一举一动，都会在以后产生或好或坏或大或小的果。有些果来得很快，有些果来得慢一些，但果终归还是要来的，无人无事能免。

一只小狐狸对一只老狐狸抱怨说："真是生不逢时啊！我想得好好的计谋，不知道为什么，几乎总是不成功。"

老狐狸问："告诉我，你是在什么时候制订你的计谋的？"

小狐狸说："肚子饿了的时候呗。"

老狐狸笑了："问题就在这里！饥饿和周密考虑从来走不到一起。你以后制订计谋，一定要趁着肚子饱饱的时候，这样就会有好的结果了。"

没有人能随随便便成功，生活没有特别地偏爱谁。**任何事情的发生都有一个明确的原因，看到别人取得成就的时候，要想想他为之付出的汗水与艰辛，他之前所做出的准备与谋划。当你如愿地吃到甘甜的果实时，你也要弄清楚自己为什么会成为幸运儿，否则幸运只是暂时和偶然的。**凡有果，必有因。与其在不幸时怨天尤人怪佛祖，在好运来临时弹冠相庆得意忘形，不如多想想"因果"。

一粥一饭皆有前因

因果有多重要？在此先举一个事实，乃发生在近代西藏的真事。

有一位宁玛派大喇嘛很有修持，很多人都不远千里前来供养他。他住在山

上，雨天时住在大树下，下雪时则住小树下，他周围几公里以内住满了跟他修学的喇嘛，每一个喇嘛各找了一棵树、一个山岩或一个洞修持。来自各地的朝拜他的信徒，往往会带不少供品来供养他。那么，这个大喇嘛的神通有多大呢？通常，等这些供养的钱、食物够分配了，他会晓得每个跟他修学的喇嘛有什么需要，然后他只要往空中一洒，就能自动地分给每个需要东西的喇嘛。

在他修持的山下有个乞丐，这个乞丐每天从早到晚，都要到每个村庄挨家逐户地去乞讨，因为若不乞讨就没得吃。当他看到大喇嘛如此广受供养，心里很嫉妒："你们这些喇嘛，一天到晚坐在那儿，什么事情也不做，当人家把钱、供品、各种好食物都送给他时，还要跟他说：'求您老人家大慈大悲接受。'接受了还要跟他磕头说：'喇嘛！多谢您的慈悲，受我微薄的供养。'而我呢，跟人家磕头，求爷爷告奶奶，希望人家给我一口饭吃，还不一定能讨得到。"他愈是这样想就愈感到心里不平，就愈难过。终于有一天，他上山去找到了那位受万人景仰的大喇嘛。

见到大喇嘛后，他问道："喇嘛！喇嘛！您一天到晚坐在这儿，什么事也不做，好吃懒做的，大家却都来供养您，请您老人家接受，供养您之后，还要给您磕头；而我每天从早到晚，由这条村乞讨到那条村，要跟人家磕头，人家才给我一口饭吃，我们俩的际遇怎么会差这么远呢？"

大喇嘛听了以后，回答乞丐："你说怎么办呢？孩子。"乞丐想想也没话回答，就说："我有什么办法呢？那是个人的业报！您看，我好命苦啊！假如您能把一天的供养给我，我这一生的生活就没问题了。"

大喇嘛说："可以，可以。"乞丐一听，精神就来了："真的吗？"大喇嘛说："真的！你选择一个日子好了。"乞丐想想："今天已过了大半天，而后天又太远，干脆明天吧！"大喇嘛答应道："可以，可以。你今天就住在这儿，不要下山了。"

于是，乞丐晚上就坐在大喇嘛旁边，等第二天一到好收供养。因为大喇嘛非常有修持，所以平常送供品的人，从早到晚络绎不绝。乞丐想到这么多人送各种供品来，心里很高兴：明天这些供养就都是我的了，我有这么多供养，以后就不必再去乞讨了，我的生活终于要好起来啦。

他跟大喇嘛约定，过了半夜以后，供品就是他的。然而，他等呀等，等呀等，从早上等到中午，也没看见一个人前来供养；接着，他再等到太阳快西落时，也没看见有一个人前来供养。他愈想愈感奇怪，愈想愈感难过，想来想去，不禁悲从中来，嚎啕大哭。大喇嘛很悲悯他："孩子，不要哭了，山下送供养的已经到了。我们等一等，他子时以前一定会到。"

等到深夜，只见有个人扛着一张大牛皮正走过来。到了大喇嘛面前，那个人恭恭敬敬地磕了三个头，然后呈上了牛皮，说："喇嘛呀！我是个可怜人，没有什么东西可以供养您老人家。我是个牛皮贩子，挑了一张最好的牛皮来供养您，求您老人家慈悲接受。"

大喇嘛就跟乞丐讲："孩子，收下吧。"乞丐一看，又嚎啕大哭。大喇嘛不管他，等他哭完了才说："哭够了吗，孩子？你有什么好哭的呢？你是个最会做生意的人，一本万利，还不满足啊？干吗还要哭呢？"

他这么一讲，大喇嘛周围的人及牛皮贩子、乞丐都感到很奇怪。于是大喇嘛继续说："你听着，凡世间的事，都是有因有果的。你前生是个裁缝，这个牛皮贩子前生是个乞丐，他曾经向你乞讨过一个顶针（妇女刺绣时，手指戴一铜环，以便推针穿布，藏人则用牛皮制顶针）。想想，一个顶针所需的牛皮不过一点点面积，他跟你讨过一个顶针，你以那一小块牛皮换来了这么大一张牛皮，还不满足，还不够吗？你是个最会做生意的人，真可以说是一本万利啊！孩子，收下吧！"

这个故事启示我们，一粥一饭皆有前因，都是以往种下的因，才有现在的果。人们学佛的主要目的，就是要趋吉避凶；要想趋吉避凶，离苦得安乐，就必须深信因果。譬如**想获得快乐，就必须先种下快乐的因，将来才能感快乐的果；想离苦得安乐，就必须先离苦因，才能离开痛苦，获得安乐。**

有些人总是羡慕甚至眼红别人的丰收，却不去思考这是一种因果。试想，假如你根本不去耕耘，又如何能有丰收的机会呢？我们在生死苦海中亦如此，若要解脱，则须勤修持，勇猛精进，假如不勇猛精进，只想投机取巧、自私自利，悭吝鬼一个，拔一毛都心疼，还能有福报吗？

一举一动皆有后果

有前因才会有后果，果与因从不间断。你现在所做的一举一动，都会在以后产生或好或坏或大或小的果。有些果来得很快，有些果来得慢一些，但果终归还是要来的，无人无事能免。

有个赶路人想在太阳下山之前赶回到家，于是便一路快跑。他跑呀跑，跑得汗流浃背，口干舌燥。由于实在渴得难耐，在路过一个西瓜摊时，他便买了一个西瓜。为了尽快到家，他不敢停步，便边吃边走，吃完的西瓜皮随手就扔在了路上。

等吃完了西瓜，赶了一段山路后，他才忽然发现自己买西瓜时将身上的行李都忘在了西瓜摊上了。他只好返身去找自己的行李。

由于想着行李会不会丢了，他跑得更加着急匆忙，完全没留意脚下自己之前丢的西瓜皮，所以摔了好几跤。只见有一肚子火的他边走边跌跤，边跌跤边骂道："这是哪个缺德的人乱扔的西瓜皮，害得我屁股都摔疼了！"

佛陀说，恶由自己作，苦由自己受。你做的每一件事都与你有关，而且影响着你的现在与未来。要想避免在未来少吃苦头少遭罪罚，现在就少种恶因；要想收获一个美好的令自己满意的未来，就要从现在播下一颗令自己满意的种子。

有位禅师常常向信徒们讲下面这个因果故事：

在一辆公交车上，有一名男子靠着车窗悠闲地抽完了一支香烟，然后一挥手，将烟头划出一道火红的曲线，以一种优美的姿态飞出了窗外。两秒钟后，一辆疾驰而来的出租车突然转了个方向，一头撞进了路边的绿化带。半个月后，一家工厂发生了火灾，上千万的资产顷刻间化为了乌有。一个月后，当初扔烟头的男子戒烟了，因为他失业了。他失业的原因是，他所在的工厂破产了。

工厂破产的原因是，半个月前的一场大火把厂子烧了个精光。

工厂失火的原因是，一个月前请来的对工厂消防设施进行改造的工程师出车祸住院了。

工程师出车祸的原因是，他所乘坐的出租车突然冲入了绿化带。

出租车冲入绿化带的原因是，有一个燃着的烟头突然落入了司机的衣领。

佛陀说，善有善报，恶有恶报，不是不报，时辰未到。因果报应，丝毫不爽。

一品一性决定命运

刚才说的是行为上的因果，接下来我们谈谈品性上的因果。

万法皆空，因果不空。一粥一饭，皆有前因；一举一动，皆有后果；一品一性，决定命运。

曾国藩和左宗棠都是晚清一代名臣，二人之交情，曾经比亲兄弟还亲。俩人都是湖南同乡，品格都受到士林仰重，但个性却迥然不同。

曾国藩的脾气要比左宗棠的好得多，他向来擅长网罗人才，并提拔了不少人。左宗棠考了好几次进士都考不上，但曾国藩看出了他的才干后，便聘他为幕僚，后来更是让他拥有了带兵挑大梁的权力，对左宗棠十分信任。

左宗棠有着疾恶如仇的个性，说起话来很直接，性格敏感而且有点毒，有些刻薄。他的很多批评，虽然都是"对事不对人"的，但听者难免都会觉得左宗棠的话另有居心。甚至他的有些对曾国藩的批评，被有心人传给曾国藩之后，令好脾气的曾听了都觉得左宗棠有些忘恩负义。

攻陷太平天国之都天京一役后，曾国藩向皇上报告说，洪秀全的儿子已经死在了宫中，而左宗藩却基于正义感，另外奏上了一折，说曾国藩说的不是实情，洪秀全的儿子其实已经逃逸了。也许左宗棠说的是真话，但他的真话背后的含意是："曾国藩欺君罔上！"因为这件事，两人从此恩断义绝！

左宗棠临死时还认为，两人之所以绝交，曾国藩的错占七八成，于是逢人就骂曾国藩。

站在曾国藩的角度来想，曾国藩当然有理由很生气了：左宗棠是自己一手提拔的，却一点也不知道感恩！于是，两人至死，心结未解。

左宗棠的品格并没有问题，问题在于个性，他的个性太容易得罪人了，所以老是容易得罪人！曾国藩的品格也许不如左宗棠的刚正，但也受世人敬仰。更重要的是，曾国藩的个性要比左宗棠的好很多，所以，曾国藩可以有一大群门徒来帮助自己，从而使自己的势力逐渐壮大，终成晚清第一名臣！

而左宗棠则始终是孤单单地凭着自己一个人的力量去奋斗。由于树敌太多，难以取信于别人，终使他的成就很难再上一层楼，更别说去取得如曾国藩般的成就了。

性格决定命运。**性格是因，命运是果**。好的品格和个性，能收获辉煌的成就，如曾国藩；只有好的品格而缺乏好的个性，虽然也能做出一番成就，但很难更上一层楼，如左宗棠；品格和个性皆不好，则往往一事无成。

2. 每天播种善的种子，必能收获丰盛福报

> 帮助别人并非要等到自己有足够的能力后才去为之，勿以善小而不为，我们每天都可以去做一些力所能及的善行。每天播种一点点善的种子，长年累月下来，也必定能种满一亩又一亩的福田，长出一株又一株善禾与福报。

楚庄王有一次夜宴群臣，满庭酒溢语喧，酣畅淋漓。忽然，一阵风吹过，烛台灯灭，四周漆黑一片。正在侍者匆忙寻灯点火之际，楚庄王的爱妃轻轻地拽了一下楚庄王的袖子，然后在他的耳边轻声说道："刚才有人想对我图谋不轨，要侮辱我，我拼命地挣脱了，并顺手扯去了这个人帽顶上的缨子，等灯亮之后，我们就可以找出这个人了！"

"慢！"没想到楚庄王听到这里时，突然喝住了要点灯的侍者，然后命令黑暗中的群臣都拔掉各自帽顶上的缨子。等到灯再次亮起时，众人皆无缨而饮。

几年后，在一次惨烈的战斗中，楚庄王被困于绝境。危在旦夕之际，楚庄王身旁忽然奔出一员猛将，死命拼杀，护驾突围。化险为夷后，楚庄王对该猛将躬身相谢。没想到，该猛将却跪拜道："上次卑臣酒后失礼，若非大王宽容，早已是刀下之鬼了。"

播种善因，收获善果。楚庄王以他的宽容，在该名犯了错的猛将身上种下了善因，赢得了这个人的心，最终在危难之时救了自己一命，有了一个好的回报。

培植善心，坚持行善有善报

《周易》说："积善之家，必有余庆；积不善之家，必有余殃。"意思是

说，积累善德的家族（人），这个家族（人）就会有享不尽的福，如果积善之人今世享受不到，来生也必有正报（指本人）；如果不积累善德（积恶），那么后世必定遭殃。

这和佛陀告诉我们的"善有善报，恶有恶报"是一样的。事实正是如此。**只要我们留心，就会发现，一个始终坚持做好事的人，不但自己可以得到好报，甚至能泽及子孙。**

在中国的成语典故中，有不少就是涉及这方面内容的。例如京剧《奇双会》的唱词中有"结草衔环"之句，就是用成语典故来说明有恩必报和善有善报。它启示我们，只要培植善心，坚持行善，就必有善报。且善报不但现世报，还可能恩泽后世。

究竟什么叫"结草衔环"呢？"结草"一典出自《左传》。据《左传》记载，春秋时晋国大夫魏武子娶了一个美丽的婢妾，但没有与她生儿育女。魏武子在尚健康时，曾对儿子魏颗说，我死之后你要帮我将这个婢妾改嫁出去。不久，魏武子生了重病，临死前又对儿子说，待他死了之后，要帮他将婢妾殉葬。

等到魏武子死去之后，魏颗将那位婢妾改嫁给了他人，并没有遵照父亲临终前的遗嘱去办。魏颗认为，父亲健康时说的话是清醒的，可信；重病时神智昏乱，说的话不可信。所以他按父亲清醒时的嘱咐去办。

后来，秦国发兵攻打晋国，魏颗率兵前往抵御，与秦将杜回大战于辅氏地方。正当仗打得最为紧张的时候，魏颗发现前方突然有一位老人带着结草（即用茅草结织成的绳网）与杜回奋战，一会儿就将杜回绊倒在地，秦将杜回便当了晋军的俘虏。于是，魏颗率领的晋军大获全胜。

当天晚上，魏颗做了一个梦，梦见那位结草的老人对自己说："我就是你所改嫁的那位婢妾的父亲。你能按你父亲清醒时的嘱咐去办事，不拿我的女儿给你父亲殉葬，我很感激你，所以以结草助战来报答你。"

于是，后世便以"结草"作为报恩的代称，表示生前受恩深重，虽死也要报答。这当然是站在受恩者的角度来说的，若站在施恩者的角度来说，那就是善有善报了。

"衔环"也是一个典故。《后汉书·杨震传》记载：杨震之父名叫杨宝。杨宝9岁时去游华山，看见一只黄雀被鸱枭（鹰鹞等猛禽类）搏击而坠落于树下，为蝼蚁所困。杨宝急忙跑上前去将黄雀救起，带回家中去精心地加以喂养。一百多天后，黄雀已经长得羽毛丰满，不久后便腾空飞去了。当天夜晚，杨宝梦见黄雀变成了一位黄衣童子，特意前来拜谢他说："我是王母娘娘的使者，之前得到您的拯救，万分感激。"于是便赠送了白环四枚给杨宝作为酬谢之礼，并说："令君子孙洁白，位登三事（官名），当如此环矣。"后来杨宝的儿子、孙子及曾孙等，果然都为官清廉而又显贵。于是，后世又以"衔环"来表示报恩之意。当然，倘若从施恩者的角度来说，"衔环"也可以表示善有善报之意。

这两个典故都勉励世人，要培植善心，一心向善，只做好事，不做坏事，因为只有播种善因，就能收获善果。

3. 只有种下"付出"的因，
才会收获"回报"的果

无论你想获得什么回报，都必定需要先付出。你想摘取树上的果实，就必须先给树浇水、施肥；你想在工作上干出成绩，就必须先要付出心血和汗水；你想得到别人的帮助，就必须先要去帮助别人；你想得到别人的爱，就必须要先去爱别人。

有一个人在沙漠行走了两天。途中遇到暴风沙。一阵狂沙吹过之后，他已认不得正确的方向。正当快撑不住时，突然，他发现了一幢废弃的小屋。他拖着疲惫的身子走进了屋内。这是一间不通风的小屋子，里面堆了一些枯朽的木材。他几近绝望地走到屋角，却意外地发现了一台抽水机。他兴奋地上前汲水，却任凭他怎么抽水，也抽不出半滴来。他颓然坐地，却看见抽水机旁，有一个用软木塞堵住瓶口的小瓶子，瓶上贴了一张泛黄的纸条，纸条上写着：你必须用水灌入抽水机里才能引水！不要忘了，在你离开前，请再将水装满！

他拔开瓶塞，发现瓶子里果然装满了水！他的内心此时开始交战着：如果自私点，只要将瓶子里的水喝掉，他就不会渴死，就能活着走出这间屋子！如果照着纸条上说的做，把瓶子里唯一的水倒入抽水机内，万一水一去不回，他就会渴死在这个地方！到底要不要冒险呢？

最后，他还是决定把瓶子里唯一的水，全部灌入到了这个看起来破旧不堪的抽水机里。然后他以颤抖的手汲水，没想到，水真的大量地涌了出来！

他喝足水后，将瓶子装满水，用软木塞封好，然后在原来那张纸条后面，再加上了他自己的话：相信我，纸条上说的是真的。

春天播种，秋天才能够收获。同理，**欲得到善果，必须先培植善因；欲遇到福缘，必须先广种福田；欲收获福报，必须先学会付出。**

多做善事，广结善缘吧，只有种下"付出"的因，才会收获"回报"的果。

付出是一种回报

从前，良宽禅师除弘法外，平常就是居住在山脚下一间简陋的茅棚，生活过得非常简单。

有一天晚上，他从外面讲经回来，刚好撞上一个小偷正在光顾他的茅庐。小偷看到禅师回来了，慌张得不知如何是好。

良宽和颜悦色地对两手空空的小偷说："找不到可偷的东西是吧？想来你这一趟是白跑了。这样吧，我身上的这件衣服还值点钱，你就拿去吧！"

小偷惶恐之下抓着衣服就跑。看着小偷在月光下的背影，良宽禅师无限感慨地说："可惜我不能把这美丽的月光送给他。"

一个盲人在夜晚走路时，手里总是提着一盏明亮的灯。人们很好奇，就问他："你自己看不见，为什么还要提着灯走路呢？"盲人说："我提着灯，为别人照亮道路，同时别人也容易看到我，从而避免了碰撞。这样既帮助了别人，也保护了自己。"

印度伟人甘地有一次乘坐火车，他的一只鞋子掉到了铁轨旁，此时火车已开动，再下去已没有可能。于是，甘地迅速地把还穿在脚上的另一只鞋子也脱下扔到第一只鞋子旁边，这才回到自己的座位。同行的人不解地问甘地为什么要这么做。甘地认真地说："这样一来，路过铁轨的穷人就能得到一双鞋子了。"

这几个故事讲的都是对别人不求回报的彻底付出的故事。在人生路上，我们一定会遇到许多为难的事，但是你是否知道，在前进的路途上，自己付出一些，搬开别人脚下的绊脚石，有时候恰恰是在为自己铺路。

有一位抱着柴火的人坐在寒冷的夜里，对着一只因缺柴而熄灭的大火炉叫道："你什么时候给我以温暖，我什么时候才会给你添加柴火。"殊不知，你不先给火炉添加柴火，火炉又怎么会给你温暖呢？

佛陀说，欲得善果，先种善因。无论你想获得什么回报，都必定需要先付出。你想摘取树上的果实，就必须先给树浇水、施肥；你想在工作上干出成绩，就必须先要付出心血和汗水；你想得到别人的帮助，就必须先要去帮助别人；你想得到别人的爱，就必须要先去爱别人。

凡有果，必有因。回报是果，付出是因。**付出才有回报，付出必有回报。事实上，付出就是一种回报。**

付出是一种幸福

佛陀说，积善因，得善报。**付出就是在积善因，而善因就是一粒粒幸福的种子，培育好了，就能长出一朵朵幸福的花儿，在芬芳了众人的同时，也陶醉了自己。**

有个馒头店的老板，每天蒸120个馒头，100个用来出售，20个用来接济贫苦的老人和孩子。在生意好的时候，馒头刚一出笼便被顾客们一抢而光了。于是有人便劝他卖掉那些留下的馒头，可是无论顾客如何要求，这个馒头店老板就是不肯将那20个馒头卖掉，而当他用夹子把热乎乎的大馒头送给老人和孩子的时候，黝黑的脸上便会绽放出明亮的光彩，那种幸福的感觉是其他人很难体会得到的。

授人玫瑰，手留余香。其实付出也是一种幸福，当馒头店的老板把馒头送给老人和孩子的时候，他看到自己的付出给别人带来了快乐，于是自己也跟着"幸福"了起来。在生活中，收获固然是一种幸福，但付出又何尝不是一种幸福呢？付出时间能够收获希望，付出劳动能够收获果实；付出真心能够收获真情，付出爱心就能够收获整个世界。

人生最美丽的补偿之一，就是人们在真诚地帮助别人之后，其实同时也是在帮助了自己。真诚地伸出你的手去援助别人，不仅不会使你受到什么样的"损失"，还能使你在帮助别人的过程中得到幸福的感觉。

其实，付出的幸福感觉是我们随时随地都很容易得到却又最容易忽略掉的事情，在我们埋怨生活压力大，到处充满功利，找不到幸福感觉的时候，其实也许是你没有时间去察觉，去体会生活中的幸福啊。当你在公交车上给老人让座时，别人会很开心，你也会很快乐；当你给乞讨者施舍的时候，也许你的真心付出换来的是他生存的希望，那一刻你会感觉到很幸福；当你周末把家里收拾一番，然后再为家人做一道刚学来的大菜，一家人快快乐乐地品尝你手艺的时候，那种天伦之乐，不正是你的付出所获得的幸福吗？

学会付出，便能拥有幸福。种下付出的种子，幸福的花儿就会美丽你的内心，让你呼吸到幸福的持久的香味儿。

4. 埋下恶种，迟早会吃到苦果

万法皆空，因果不空。菩萨畏因，众生畏果。菩萨因深知因果的可怕和丝毫不爽，所以谨言慎行，战战兢兢，深怕自己堕入因果恶性的泥淖中，而芸芸众生，因对因果的愚昧无知，不知慎因，等造了恶因，受了恶果，才后悔莫及！

《法苑珠林》里记载着这样一个故事。唐朝武德年间，在一个叫大宁的地方有一个叫贺永兴的人，因为邻家的牛践踏了他田里的作物，因此他就愤恨地用绳子将牛的舌头勒断了。没想到，后来贺永兴生的三个儿子，都是哑巴。

有人可能认为，贺永兴"把牛的舌头勒断"和他"生了三个哑巴儿子"之间，可能只是一种极偶然的巧合。但如果以"因果"的层面来看，这是一种极为快速的现世报。

我们可以想象，贺永兴只因为牛吃了他的庄稼作物，就勃然大怒地将牛舌勒断，如此血淋淋的行为，也可以想象得出这个人平时性格是如何残暴。而如此小题大做的残暴行为，实在有违上天的好生之德，因此本来已薄的福分，自然更加削减，终究得此报应。

至于为什么不报在贺永兴身上，而是让他"无辜"的儿子吃到了苦果呢？这实际上牵涉到了极为复杂的"共业"和因缘时机的因素。一方面，父子本是一家人，都在"共业"的范围内，虽然报在儿子身上，但其实也连累到了父亲；另一方面，贺永兴残忍的行为，触发或加速了已经时机成熟的果报，而他的三个儿子，在某个前世，也必定造了足以导致他们失声的恶业！

所以，可以这样说，如果有人犯了像贺永兴所为的同样恶行，也不见得会在今世有相同的业报，毕竟，因果业报极其复杂，千差万别，可谓"牵一发而动全身"。贺永兴和其儿子所受的"报应"，只是属于在他们共业范围内，于今世成熟的一个"特例"，而不是一种"普例"，但由这个故事所揭示的因果报应和所带给我们的启示，却有着普遍性的意义。它警示世人，**埋下恶种，必吃苦果，只是迟来或者早来的问题**。

苦果都是自己种下的

佛陀说，**万法皆空，因果不空。菩萨畏因，众生畏果**。菩萨因深知因果的可怕和丝毫不爽，所以谨言慎行，战战兢兢，深怕自己堕入因果恶性的泥淖中，而芸芸众生，因对因果的愚昧无知，不知慎因，等造了恶因，受了恶果，才后悔莫及！

有位老禅师曾给徒弟们讲过这样一个故事。

在很久以前，有一匹高大英俊的马（据说是现在的马的祖先），发现了一处非常好的草场——在群山中有一小片草原，草长得细嫩茂密，还有一条清凉的甘泉从草场中间流过，周围的群山又正好挡住了外袭的风雨。

这匹马非常兴奋，认为自己可以不必再到处跑着找草场了，因为这片草场足以使自己享受一辈子了。就在这匹马万分高兴之时，有一头美丽的梅花鹿跑过来吃草。那匹马看到小鹿也来吃草，就气势汹汹地跑了过去，大声吼道："这是我的草场，你这个不知好歹的家伙，给我滚出去！"小鹿抬起头，看到这匹高大的马，便和气地说："马老兄，你说这是你的草场，你有什么可以证明的吗？"马气愤地说："你等着，我这就给你找证人去。"

这匹马飞一样地奔到山脚下的一户人家那里。只见它非常有礼貌地对这家主人说："请你上山为我作证好吗？我要成为那片草场的主人。要把小鹿和其他动物统统赶走。"

这家主人想了想，说："我可以答应为你证明草场是你的，但你也要答应我一个条件，我必须骑着你去并且再骑着你回来，为了证明你答应了我的条件，我要给你戴上笼头、马嚼铁和缰绳……"

为了拥有那片美丽富饶的草场，这匹马爽快地答应了这家主人的要求。于是，这家主人给马戴上了笼头和马嚼铁，并套上了缰绳，然后骑着马来到了那片美丽的草场。他为马作证，草场是属于这匹马的。

　　善良诚实的小鹿和其他小动物都相信了这个人的话，从此再也不到这片草场吃草了。于是，这匹马真的成为了那片草地的主人。不过，因为给马作证的人再也没有给马解去笼头、马嚼铁和缰绳，所以这匹马只好每天都被牵着去耕地、驮东西……只有主人家没有活干的时候，这匹马才能到那片属于它的草场上去吃草和饮水……这匹想独霸草场的马就这样成为了人的奴隶。从此，它的子孙们也成为了人的奴隶，而小鹿们至今仍然快乐、自由地生活着。

　　埋下恶种，吃到恶果。凡有果，必有因。所有的苦果都是自己种下的。这匹马吃到成为人类的奴隶的苦果，就是自己种下的。

　　芸芸众生不也是这样吗？有很多人也像这匹马那样，因为贪欲太多，从而失去了自由，失去了自我，失去了生命中美好的一切，成为了欲望的奴隶、职位的奴隶、钱财的奴隶！

一念善，奔极乐；一念恶，坠苦海

　　佛陀说，**再小的善，也能助你奔向极乐天堂；再小的恶，也会令你坠入地狱苦海。**

　　有一天，当佛陀在莲花池畔漫步时，凝望着澄澈的池水，突然看到了地狱里的景象：无数众生在地狱的血池里，浮沉哀号着。

　　佛陀悲悯地看着浮沉哀号的众生，想着他们的无知和罪业，不禁叹息着。这时，他特别注意到了一个叫健达多的人。健达多在过去的一生中，杀人放火，无恶不作，终因恶贯满盈而堕落地狱。

　　佛陀悲悯他，想将他从地狱中解救出来，但在遍察他宿世的因缘后，发现几乎找不到半点善行足以让他得到救赎。再行深察，佛陀总算找到了他的微小善行。

　　原来，那是在久远前的某一世，当有一天健达多走在路上时，有只小蜘蛛也在路上爬行，健达多发现了，本想一脚踩死它，但刚要举足时，忽然心中生起了一个善念，心想这只小蜘蛛也不犯我，不如放它一条生路吧！就这样，善念一起，小蜘蛛就从他的脚下死里逃生了。

　　当佛陀观察到这个善因缘后，发现那只蜘蛛正停憩在极乐世界美丽的花叶间。于是佛陀抓起银色的蜘蛛丝，从极乐世界徐徐地放到了地狱里。

　　当健达多在黝黑的地狱中挣扎浮沉时，突然抬头看到黑暗的天空中有一丝银色的亮光从自己的头顶上缓缓地降下来，于是他如遇救星般赶紧用双手抓住了蜘蛛丝，奋力地往上爬，等他爬到中途想稍事休息时，突然看到蜘蛛丝的下方有无数地狱众生，也正攀爬在蜘蛛丝上。

　　健达多看见后，不禁惊慌和愤怒，他想："就只我自己一人，还怕这细蜘蛛丝断了呢！这细细的蜘蛛丝，如何能承受这么多人的重量，万一断了，不是又要堕回地狱去受苦吗？"

　　因此，健达多情急之下恼怒地向下方叱责道："喂！喂！这条蜘蛛丝是我发现的，是属于我的，没有我的允许，任何人都不准往上爬，下去！全部都给我下去！"

　　当健达多的叱喝声还回荡在空中时，蜘蛛丝突然从他的手中断落了。于是健达多又重新掉回地狱中，只剩下银色的蜘蛛丝，在黑暗的空中闪闪晃荡着。

　　佛陀看了，轻轻地叹息着。佛陀的叹息，也是我们的叹息。

　　一念善，可以让健达多有缘得以脱离地狱苦海。

　　一念恶，也可以让健达多重新沉沦回地狱苦海！

　　如此，我们还能轻易忽视任何一个微小的念头或因缘吗？

5. 积德行善就是佛，
贪欲过盛便成魔

　　谁都有可能成为佛或者魔。心怀善念，乐意去做善事，行善积德，你就会越来越像佛；心怀恶念，贪欲过盛，为了享乐不择手段，坏事做尽，你就会成为魔鬼！

　　有个很出名的画家，总是愁眉苦脸的，因为他想画佛和魔鬼，但是在现实中找不到他们的原形，他的脑子里怎么也想不到他们的样子，所以他根本就没法画。一个偶然的机会，他去寺院朝拜，无意中发现了一个和尚，他身上的那种气质深深地吸引了画家，于是他就去找那个和尚，向他许诺重金，条件是他给画家作一回模特。

　　画家的作品完成以后，轰动了当地，画家说："那是我画过的最满意的一幅画，因为给我作模特的那个和尚，让人看一眼就会被认为他就是佛。他身上那种清明安详的气质，可以感动每一个人。"画家最后给了那位和尚很多钱，实现了自己的诺言。

　　因为这幅画，人们不再称他为画家，而是称他为"画圣。"

　　过了一段时间，他准备着手画魔鬼了，但这又成了一个难题，到哪里去找魔鬼的原形呢？他探访过很多地方，找了很多外貌凶狠的人，但依然没有一个令他满意的。最后，他终于在监狱中找到了。画家高兴极了，在现实中找一个令人感觉像魔鬼的人实在是太难了！

　　当他面对那个犯人的时候，那个犯人在他面前失声痛哭地说道："为什么你上次画佛的时候找的是我，现在画魔鬼的时候找的还是我啊？是你把我从佛变成了魔鬼！

　　画家说："这怎么可能？我画佛时找的模特，是一个气质非凡的和尚，而你看起来就是一个纯粹的魔鬼形象，怎么会是同一个人呢？"那个人悲伤地说："自从我得到了你给我的那笔钱后，每天只知道寻欢作乐，挥霍生命。到后来没有钱了，但我的欲望却已经一发不可控制了，于是我就去抢别人的钱，还杀了人，只要能搞到钱，什么坏事我都去做了，结果就成了现在这副模样。"

画家听完他的话，感慨万分，他惊叹人性在欲望面前转变得是如此之快，而人性又是如此的脆弱，诱惑的力量却是如此的强大。这个人由佛到魔的转变，确实完完全全是自己一手造成的啊。于是，他把画笔扔了，从此再也不作画了。到现在为止，魔鬼的画也没有一幅是让人满意的。

谁都有可能成为佛或者魔。心怀善念，乐意去做善事，行善积德，你就会越来越像佛；心怀恶念，贪欲过盛，为了享乐不择手段，坏事做尽，你就会成为魔鬼！

积德行善就是佛

有一回，一个衣衫褴褛的穷人来到荣西禅师面前，向他哭诉："我们家已经好几天揭不开锅了，上有老，下有小，一家人眼看就要饿死了，师父慈悲，救救我们吧，我们一家人将感激不尽，永远记得师父的恩德……"

荣西禅师面露难色，虽然他想救这一家人，可是连年大旱，寺里也是吃了上顿没下顿，让他如何救这家可怜的穷苦人呢？

束手无策的荣西禅师突然看到了身旁的佛像，佛像身上是镀金的，于是他毫不犹豫地攀到了佛像上，用刀将佛像上的金子刮了下来，用布包好，然后交给了穷汉："这些金子，你拿去卖掉，换些食物，救你的家人吧！"

那个穷人看到禅师这样，于心不忍地说道："这是我的罪过啊，逼得禅师如此为难！"

荣西禅师的弟子们也忍不住说："佛祖身上的金子就是佛祖的衣服，师父怎么可以拿去送人呢！这不是冒犯了佛祖吗？这不是对佛祖的大不敬吗？"

但荣西禅师义正词严地回答："你说得对，可是我佛慈悲，他肯定愿意用自己身上的肉来布施众生，这正是我佛的心愿啊，更何况只是他身上的衣服呢！这家人眼看就要饿死了，即使把整个佛身都给了他，也是符合佛的愿望的。如果我这样做要入地狱的话，只要能够拯救众生，那我也赴汤蹈火，在所不辞！"

积德行善就是佛，私欲过盛就是魔。佛之所以成为佛，是因为佛能先人后己，普度众生。

心生邪念就是魔

一念之差便成魔，一念之差可成佛。

平日里，我们常常可以听到走上邪路的人如此感叹："我真是鬼迷心窍了，结果一念之差，就把我自己给害苦了。"也许这中间，有的人不是"一念之差"，而是本性使然，不过是拿"一念之差"来做借口；但有些人的确是没把持好那突然的"一念"，从而为之付出了沉重的代价。

有个人应邀到朋友家去作客，正巧主人正忙着在书房里接听电话。他一人独自在客厅浏览屋子里的摆设和各种装饰。这时，一个精巧可爱的小闹钟吸引了他的眼光。由于造型实在是太可爱了，趁着身边无人之际，他随手将闹钟放进了自己的口袋里。

当所有的朋友在餐厅酒酣耳热，吃得痛快之际，他口袋中的小闹钟突然发出了一阵阵的响铃。这个客人在大家的注视下，满脸通红，几乎不知所措，只好把偷来的东西拿出来，归还给了主人，并且拼命地道歉。

多么经典的"一念之差"啊。这个故事中的客人，我们很难说他就是一个坏人。他只是太喜欢那个精巧可爱的小闹钟了。他的头脑一时间被占有这个闹钟的念头完全占领，以致于根本没想到他其实可以向朋友说明缘由，请求朋友把小闹钟卖给他或者送给他的。他最终做了自己一时邪念的俘虏，进入了魔道，并为之付出了尊严和人格的惨重代价。

邪念一生便成魔。当然，一辈子不生邪念的人几乎没有，但一辈子"守身如玉"保持自己的操守不沾污垢的人却很多。他们通达人生，深知放纵邪念的恶果，他们"守身"的诀窍，就是**只要邪念一产生，就立即将它掐灭，不给邪念任何生长的机会！这样的人，可称为佛！**当你消灭了涌现出来的每一个邪念，你的人生就会在不知不觉中走向圆满。

6. 心灵只有种植"善的庄稼"，才不会荒芜

> 要想让心灵不会荒芜，唯一的方法就是修养自己的美德；要想让自己不产生恶念不做恶事，最好的方法就是让善念占据我们的心灵。

绵羊生性软弱，不得不忍受许多动物的欺凌。于是，它来到佛祖面前，请求佛祖减轻它的苦难。

佛祖对绵羊说："让我在你嘴里装上可怕的獠牙，在你脚上装上尖利的爪子，好不好？"

"噢，不，"绵羊回答，"我完全不想跟那些猛兽一个样子。"

"那么，就让我给你的唾液里加进毒素吧？"佛祖又说。

绵羊摇摇头说："我也不愿意与毒蛇为伍，毒蛇遭人痛恨！"

"给你额头安上角，并且让你的脖子变得强劲起来。这样可以吗？"

"也不要。那样一来，我会变得像山羊一样好斗了。"

"可是，你想要保护自己不受别的动物伤害，就必须有伤害别的动物的能力啊！"

"唉，"绵羊叹了口气，说，"那就让我还是老样子吧。因为我担心，有了伤害别的动物的能力后，会唤起我伤害别的动物的欲望。"

从此，选择善良的绵羊便忘记了诉苦和抱怨。

绵羊宁愿继续承受许多动物的欺凌，也不愿意选择恶而是选择了善，这很值得我们每一个人省思。如果我们都选择了恶，世界将充满了纷争与恶斗，世界将乱了套，大家都将生活在痛苦和悲惨的深渊里；**如果我们都选择了善，我们将生活在越来越和谐的环境里。即使有些人选择了恶，我们也还是应该选择当一个善良的人，以抑恶扬善为己任，尽可能帮助别人弃恶从善。**

在心灵上种植"善的庄稼"

弟子们坐在一名著名的禅师周围，等待着师父告诉他们人生和宇宙奥秘。

禅师一直默默无语，闭着眼睛。突然他向弟子问道："怎么样才能除掉野草？"弟子们目瞪口呆，没想到禅师会问一个这么简单的问题。一个弟子说："用铲子把杂草全部铲掉！"禅师听了后，微笑地点点头。

另一个弟子说："可以一把火将草烧掉！"禅师依然微笑。

第三个弟子说："把石灰撒在草上就能除掉杂草！"禅师脸上还是那样的微微笑。

第四个弟子说："他们的方法都不行，那样不能除根的，斩草就要除根，必须把草根挖出来。"

弟子们讲完后，禅师说："你们讲得都很好，从明天起，你们把这块草地分成几块，按照自己的方法除去地上的杂草，明年的这个时候我们再到这个地方相聚！"

第二年的这个时候，弟子们早早地就来到了这里。原来杂草丛生的地已经不见了，取而代之的是金灿灿的庄稼。弟子们在过去的一年时间里用尽了各种方法都不能除去杂草，只有在杂草地里种庄稼这种方法取得了成功。他们围着庄稼地坐下，这时庄稼已经成熟了，可是禅师却已经仙逝了，那是禅师为他们上的最后一堂课，弟子们无不流下了感激的泪水。

禅师的最后一堂课告诉了弟子们，要想除掉旷野里的杂草，只有一种方法，那就是在上面种上庄稼；要想让心灵不会荒芜，唯一的方法就是修养自己的美德；要想让自己不产生恶念不做恶事，最好的方法就是让善念占据我们的心灵。

及时拔掉邪恶的"小树"

有户人家住在一大面城墙边。有一天，从城墙的砖缝里居然长出了一株树苗来。旁人好心地提醒主人，要趁早拔掉小树，免得生出后患。当时主人掉以轻心，一直没有处理。小树得以慢慢长成了一棵大树。

在一个狂风暴雨的夜晚，突然传来轰然一声巨响，整棵树和城墙都倒塌了下来，压死了主人一家。

城墙长出一棵大树，这种可能性远没有人的心灵长出邪恶的"小树"的可能性高。因为并不是每面城墙都会长出大树，但是每个人的心灵都可能会长出邪恶的"小树"。当然，长了"小树"并不可怕，可怕的是主人"掉以轻心"，疏于防范，让"小树"慢慢长成了"参天大树"。"小树"长成了"大树"，不但会抢占心灵的阳光和养分，而且其强大的根系必将穿透和瓦解掉心灵中正直善良的基础，于是，树倒人毁的悲剧便不可避免！放眼人世间，哪一个走上犯罪的不归路之人，不是毁在对自己心中邪恶的"小树"的疏忽和纵容上啊！

"勿以善小而不为，勿以恶小而为之"。古人的告诫言犹在耳，然而，有的人总是善于原谅自己。察觉到自己心灵中的污点时，他们总是自我安慰：这点事，算个啥，说不准我比别人还崇高呢！于是，"小树"在肥沃的土壤里在合适的气候下"茁壮"地成长了。

城墙上小树长成大树的故事警示我们，**当小恶在心中萌芽生根时，一定要及时拔除。否则，它会很快长成大恶，将心灵压坠到万恶的炼狱。**

世上没有天生的君子，圆满的美德源于日常精心的防范与维护。"吾日三省吾身"，省察自己的内心时，你一定要看仔细：是否有隐而未现或微不足道的恶行的"小树"？如果有，立即将它拔掉吧，别等它成形，否则到那时就一切皆为时已晚。

助人弃恶从善是最大的慈悲

有个年轻人去拜访住在大山里的一个禅师，讨论关于美德的问题。这时，有一个强盗也找到了禅师，他跪在禅师面前说："禅师，我的罪过太大了，很多年来我一直寝食难安，难以摆脱心魔的困扰，所以我才来找您，请您为我洗净心灵。"

禅师对他说："你找我可能找错人了，我的罪孽可能比你更深重。"

强盗说："我做过很多坏事。"

禅师说："我曾做过的坏事肯定比你还要多。"

强盗又说："我杀过很多人，闭上眼睛我就能看见他们的鲜血。"

禅师回答说："我也杀过很多人，我不用闭上眼睛就能看见他们的鲜血。"

强盗说："我做的一些事简直没人性。"

禅师回答："我都不敢想以前我做过的那些没人性的事。"

强盗听禅师这么说，就用一种鄙夷的眼光看了看禅师说："既然你是这么一个人，为什么还在这里自称为禅师，还在这里骗人呢？"于是他起身轻松地下山去了。

年轻人在旁边一直没有说话，等到那个强盗走后，他满脸疑惑地向禅师问道："我很了解您是一个品德高尚的人，一生中从未杀生。为什么您要把自己说成是一个十恶不赦的坏人呢？难道您没有从那个强盗的眼神中看到他对您已经失去信心了吗？"

禅师说道："他的确已经不信任我了，但是你难道没有从他的眼神中看到他如释重负的感觉吗？还有什么比这更能让他弃恶从善呢？"

年轻人激动地说："我终于明白了什么是美德！"

远处传来了那个强盗欢乐的喊声："我以后再也不做坏人了！"这个声音响彻了山谷。

禅师不惜丑化自己来感化强盗，一颗慈悲之心令人敬服。**其实人心都是善的，哪怕是再十恶不赦的人，也有一颗从善的心。所以，对待恶人，使用适当的方法使他们从内心意识到自己善良的美好，就是对他们再好不过的帮助了。**

7. 善因积累得越多，就越快转变因果

> 多积善因，少积恶因吧，善因积累得越多，就越快地转变因果，越容易地颠
> 覆不好的命数，得到多福多寿之运程。

有人问佛陀："假若过去作恶很多，现在作出很多的善行也不可能抵销吗？"

佛陀说："对！因为因果定律是无法抵销的，善有善报，恶有恶报，是有一定道理的。这好比在一块土地上同时种下瓜种，亦种下豆种，后来瓜种一定生瓜，豆种一定生豆，瓜是不会消灭豆，豆亦不会消灭瓜的；可是现在又讲因果可以转变，要怎么转呢？"

于是佛陀讲了一个故事。在一座寺庙里，有一位法师在那里讲经，同时有一个曾经造了大罪业的人，听完了经就去请教法师说："我过去杀生害命，已经造了大罪业，该怎么办呢？"法师就教他："你要真心流露发心忏悔，现在还未结果，断缘就可以。"

但是，此人只知因与果，不明白缘的道理。法师便拿出一包蒺藜给他，要他种在寺后空地的东西两条小路边，东边种的蒺藜要撒石灰，不要浇水；西边种的要天天浇水。法师又交代他每隔五天要赤足走一次，东边走走，西边也走走。

此人头一次东走走西走走，没有什么感觉。法师便叫他西边依然天天浇水，东边依然不可以浇水，再隔五天亦是赤着足两边走走，又隔了五天还如此走来走去，虽然看到西边蒺藜已经出牙，再过了五天芽已长了三寸，且开出了黄花，法师仍是叫此人走来走去。又过了五天，此人在西边赤足走时，就被蒺藜的刺刺得不能走了。

法师问："东边呢？"那个人答："没感觉到什么。"法师再问："东西两边

皆种蒺藜种子，为什么东边能走西边不能走呢？"这时此人恍然大悟，原来东边撒的是石灰又不浇水，断了缘就不发生作用，西边的天天浇水，这水的"增上缘"，就发生了力量。

所以，同时下种，东边的不发芽而西边的却茂盛，这就是有缘则生，无缘则灭，因果可转变的道理。

佛陀又指出，**放下屠刀，立地成佛；只要改过，犹未晚矣；积善积德，因果可转**。

因果可转变

因是非常细致的种子，果是很庞大的事实。我们的一念心就如一粒种子，所谓"因缘果报"，即若要看现在的成果，就必须追究从前播下的那颗种子。所以，务必要警惕当下这一念，多注意自己的心和目前的一举一动。

明朝时，有位刘大司寇(刑部尚书)有个儿子，名叫景。小时候，刘景的身本极为脆弱，经常生病。他上面曾有五个哥哥，都已短命死了。刘大司寇看到这个仅存的第六子又如此多病，心中非常担忧。每遇到看相算命的人，他总要将刘景的命相托他们推算。但不幸得很，大多数看相算命的人都说刘景到19岁时会遇到一个很大的厄难。他因此更加忧虑。

这一天，有位叫周士涟的四川相士来游京师，替人看相，甚为准确。一时间，周相士的名声震动京城内外。因此，刘大司寇便邀请周士涟来到自己家里，请他给刘景看看终身的福禄寿缘。

周相士看了半晌说："论公子的贵格，恐难度19岁之关，但你们切勿因此灰心，需知'天定能胜人，人定亦能胜天'。大凡一个人的禄寿厚薄，实关系到宿生所造业因的善恶。《地藏菩萨本愿经》中说，宿世杀生者，今生需受短命报。这样讲来，公子前生的杀业一定是很重的。我们既然知道他短命相的原因，那就可用对治的方法，戒杀放生，广修各种善业来加以补救，便不难易短命而为长寿了。譬如患病的人，病原已经诊明了，只要对症服药，自能霍然而愈啊。但讲到修善，必需尽心竭力去做。总要做到今生的善业，远胜宿世的恶业，才能有实效可得。假定公子的宿世恶业有八分，今生忏恶修善，必需做到十分，方能将命相注定的禄寿，增加挽回。倘若只做到六七分，或勉强够八分，那就善不胜恶，这好比病重药轻难以起死回生，恐难立刻见效。但并不是说行善会落空无用，这些善事对于来世种点善根还是有用的。世人每见修善作恶的人，有许多并无明显报应，就疑天道无知，这就是因为肉眼看不见三世因果、宿业强弱的缘故呀。万望贤父子深信佛语，真实不虚。竭诚去做，公子定能福寿绵长，这是不必忧虑的。"

这时，刘景已年方17岁，资质聪明，且很知自勉。听了周相士的话，认为是至理名言，就对天立誓愿，下决心除恶修善。周相士于是教他以奉行功过格为入手方法，《太上感应篇》亦可参照。刘景遂依照办理，并将篇中的善恶条款，逐一录出。善者贴在东壁，每行一善加一红圈；恶者贴在西壁，每犯一恶加一黑圈。虽举心动念，也严自克责，不敢自恕。对于戒杀放生，尤能力行不稍懈怠。这样行了3年，竟得安然渡过了19岁的难关。

有一天，他因事乘舟渡扬子江，看见渔人网得一只很大的乌龟。刘景看了触发慈心，就命从人买来放生，说也奇怪，那龟放到水里好像有灵性，昂首点头，跟在刘景船后送他，直到五六里路之遥，仍恋恋不舍。这天夜里，刘景梦见一皂衣短胖的道人对他说："公子力行《感应篇》，3年不倦，天帝很嘉许你，现在你已得增禄延寿。但你体质薄弱，难保寒暑不侵。贫道现有小术相授，依之调摄可保身安无病。"说毕，即传以调息却病之法。

刘景醒来之后，知道这是神龟前来报德，从此依法用功，果然日渐康健。

后来，刘景再请周士涟来自己家，以谢他昔日指教之恩。这天夜里，刘景和周士涟联床同睡。半夜时分，周士涟醒来，觉得刘景鼻息极微，扪之竟同死人一般，出息毫无。次日早晨起来之后，周便向刘大司寇称赞道："别来数载，公子骨相，与前大异，睡中视之，知系传得龟息，非但身体健康，寿命久长，而且后福绵延，未可限量。这正是贤父子诚心行善的福报呀。"后来刘景活到了98岁，后嗣贤俊，福寿双全，果然应了周士涟之言。

只要能弃恶行善，多积善因，必获福报。

命运可颠覆

经常有人会说"命中注定"一词，似乎生与死、得意与失意皆有定数，然后消极度日，不惜时日与生命。但真的有"命中注定"吗？我们就不能改命转运了吗？

明代儒生袁了凡父亲早逝，母亲希望他放弃功名，转而学医，他听从了母亲的话。有一天，他在慈云寺遇见了一位孔先生。孔先生对他说："你是官场中人。你明年就可以去参加科举考试，获取功名。你为何不读书呢？"袁了凡把母亲叫他放弃功名的事情说了，精通玄学的孔先生于是帮他算一算一生的富贵得失。先算功名，孔先生说："你做童生的时候，县考得第十四名，府考会得第七十一名，提学考应当得第九名。"孔先生还为袁了凡推算了终身吉凶，他说："你应当进京，应被选为四川一知县，上任三年半便告退。你会活到53岁，可惜没有子嗣。"

果然，几年之后，袁了凡三次考试得到的名次跟孔先生推算的一模一样。后来，袁了凡真的进入京城，留在京城一年。这时，他觉得一个人一生的进退功名，都是命中注定，于是便把一切都看淡看破，不再去追求了，整天静坐不动，不说话不思考，凡是文字，亦一概不看了。

一年之后，袁了凡要到国子监读书。临行前，他到栖霞山拜见云谷禅师。他同禅师三天三夜相对而坐，一语未发。

云谷禅师问他："一个人之所以不能够成为圣人，只因为妄念在心中不断地缠绕，而你静坐三天，我不曾看见你起过一个妄念，这是什么缘故呢？"

袁了凡告诉禅师，自己的命已被孔先生算定了，何时生、何时死、何时得意、何时失意，都有定数，没有办法改变，即使胡思乱想，也是白想，因此心里就不起妄念了。

云谷禅师笑道："我本来认为你是一个了不起的豪杰，哪里知道，你仍然只是一个庸碌的凡夫俗子。"

云谷禅师告诉他："一个平常人很难没有胡思乱想的那颗心，既然妄心常在，那就要被阴阳气数束缚，所以命才有定数。**但若是一个极善之人，数就拘**

他不住。尽管他的命数里注定一生吃苦，但是，他做了极大的善事，这大善事的力量就可以使他由苦转乐，由贫贱短命变成富贵长寿。而极恶之人，数也拘他不住，尽管本来命中注定他要享福，但是，如果他做了极大的恶事，就可以使福变成祸，富贵长寿变成为贫贱短命。你先前的20年都被孔先生算定了，你没有把'数'转动过分毫，所以你是凡夫。"

袁了凡问："照你这么说，这个'数'不是一定的？"

云谷禅师说："'命'不是一定的，而是由自己改变的。心就是福田，千万别乱求。只要你能感动人，就没有做不到的事情。如果你能向自己的内心求，那不单是仁义道德可以求得到，就是身外的功名富贵也可以得到，而且不用去求便自然得到了。有道德的人，大家会喜欢他、敬重他。这样功名不是求来的，别人自然也会给他。"

经点悟，袁了凡开始相信"命"是可以改变的。

从此，他开始"修心"，并养成了很多好习惯：即使身处暗室无人之境，他对自己的一思一念也谨慎小心；碰到讨厌与诽谤自己的人，他也能够接受，不再计较。

之后，孔先生的话开始不灵了。孔先生算定他没有子嗣，后来他却得了一个儿子；孔先生算他命至53岁而终，但安康相伴了他一生，69岁时他还写了《了凡四训》这部名作，留传后世。此书中的开头语这样写道："千人千般命呀，命命不相同。明朝袁了凡，本来命普通。遇到孔先生，命都算中。短命绝后没功名，前世业障真不轻。庸庸碌碌20年，一生命数被算定。云谷禅师来开示，了凡居士才转命呀，才转命。"

袁了凡通过积善积德，修行自己，改变自己，最终颠覆了所谓的"定数"，掌握住了自己的命运。

因此，多积善因，少积恶因吧，善因积累得越多，就越快地转变因果，越容易地颠覆不好的命数，得到多福多寿之运程。

8. 害人之心不可有，防人之心不可无

害人之心不可有，因为佛祖都很难原谅太大的恶行。防人之心不可无。天下没有免费的午餐，不请自来的请柬说不定就是鸿门宴。

有个渔夫很早就起来去赶海捕捞。在黎明的微光中，他已经站在了没膝的海水中，把捕捉到的海鲜熟练地扔进了大篓子里，并带着回了家。

就这样，在离大海不远的渔夫家里，一只牡蛎遇到了几条鱼。它们被渔夫扔在了地上，喘着粗气，脸色十分难看。

"哎，我真担心在这儿我们都得死，真的没有办法了吗？"牡蛎从来没有这样忧伤，它望着同伴们低声地问道。

这时，有只老鼠从这儿经过。牡蛎准备利用这从天而降的唯一机会。"老鼠，请您听着，您的心肠这么好，肯定能把我带到海边去吧？"

老鼠看了牡蛎一眼，心里想道："这只牡蛎又漂亮又肥大，一定有许多可口的、富有营养的精肉。"

"马上就行动！"老鼠回答，其实他内心里已经决定要吃掉牡蛎了，"不过，为了把你带到海边，你得配合一下，把你的壳张开一点。现在你的壳紧闭着，我怎么带你走呀？"

"哦，听你的！"牡蛎同意了。但他还是十分警惕地半张半开，因为牡蛎也不是傻瓜。

老鼠一见壳张开了，便立刻伸过嘴巴就咬。不过，尽管他的行动迅速，但牡蛎事先就预料到了这一步，一下子就夹住了老鼠的脑袋。老鼠疼得吱吱地叫。这叫声传到了猫的耳朵里，使猫立刻跑过来捉住了老鼠。就这样，老鼠没吃到肉，反而把自己给搭进去了。

害人之心不可有，防人之心不可无。我们在伤害别人之前，一定要想到别

人同样也能伤害到我们。**保护自己的最好原则往往是：既不能去伤害别人，又不能让别人伤害到自己。**

防人之心不可无

狮子一心想杀死一头大公牛，便想出一个计策，准备害死公牛。

狮子对公牛说，它杀了一头绵羊当祭品，请公牛一起共享。其实狮子是准备在公牛躺下来吃饭时，趁机将它杀死的。公牛赴约了，但是看到很多铜盆和大铁叉，却没看到绵羊，就一声不响地回去了。狮子因此责备公牛，说自己并没失礼之处，为什么它毫无理由就走了呢？公牛说："这不是没有理由的，因为我看不到绵羊，却只看到准备烤牛肉的工具。"

天下没有免费的午餐，不请自来的请柬说不定就是鸿门宴。不要有占别人小便宜的心理，那样做恐怕会使你失去更多宝贵的东西，甚至生命。

害人之心不可有，防人之心不可无。即使你是再有智慧的人，也要学会防范别人对你的伤害，因为生活中总是有一些恩将仇报的人。

北宋忠臣寇准曾被宋太宗极为倚重。宋太宗曾当众称他为当代魏征。

然而，他最终死在了在北宋时尚属蛮荒之地的雷州，是被真宗皇帝贬谪至此的。他为什么会被贬至这种地方呢？因为他受到了一个小人的中伤。

寇准曾对这个小人恩重如山。这个小人就是后来被世人称为北宋"五鬼"之一的丁谓，原来曾是寇准门下的一员小吏。丁谓为人阴险奸诈，但文章写得很好。一向求贤若渴的寇准发现手下竟有如此人才，不禁大喜过望，于是极力向主持吏部的李沆举荐。

李沆曾向寇准指出，选拔干部，需要德才兼备，二者缺一不可。但寇准只看到了丁谓的才华，对他的德行并没有深入的考察，所以对丁渭一直宠信有加，以至于不惜屡次"强荐"。

后来，当丁谓羽翼丰满时，寇准才逐渐发现自己双手托上去的"人才"，其实是一个道德沦丧、品质恶劣的小人。例如，丁谓投皇室大兴土木之所好，鞍前马后，废寝忘食，组织实施了劳民伤财的一系列豪华宫殿修建工程，很是博得皇帝的欢心与宠爱。寇准感到自己被愚弄和欺骗了，十分愤慨，曾在上朝时当面点名提醒真宗皇帝，要识破佞人诡计。可惜为时已晚。

已攀住了皇帝高枝的丁谓，对当面说自己坏话的寇准自然恨之入骨，他认为，此时的寇准已经从恩人变成了阻碍自己飞黄腾达、平步青云的拦路虎和绊脚石了，必须毫不留情地彻底铲除。于是，当丁谓的地位升到与寇准旗鼓相当时，便冷不丁地给恩人使了一个绊子，然后踏上去狠狠地踹了几脚：他以莫须有的罪名向皇帝谗毁寇准，令寇准被罢相，并远谪南疆，客死他乡。

防人之心不可有啊。尤其是对于那些有大才的人，一定要注意看清其德行如何。如果有大才者德行不好，反而是个大祸患。对于这样的人，我们如果不能引导其向善，至少也要保护好自己，不受其害。

害人之人终害己

有一只青蛙看着自己的老鼠邻居很不顺眼，总想找个机会去教训教训它。

有一天，青蛙找到老鼠，劝它到水里去玩。老鼠不敢，青蛙便说有办法保证它的安全，例如可以用一根绳子把自己和它连在一起，于是老鼠终于同意试一试。

下了水之后，青蛙便大显神威，它时而游得飞快，时而落入水中，把老鼠折腾得死去活来。老鼠最后被灌了一肚子水，泡胀了飘浮在了水面上。

这时，空中飞过的鹞子正在寻找食物，它很快便发现了漂浮的老鼠，于是就一把抓了起来，相连的绳子自然把青蛙也带了起来。在吃掉了老鼠之后，意犹未尽的鹞子把嘴又伸向了青蛙。在被鹞子吃掉之前，青蛙很后悔地说："没想到把自己也给害了！"

害人之人终害己，把别人推向危险时，自己也是很难脱掉干系的。所以，不要对别人心存恶意，因为善待别人就是善待你自己，对别人作恶，就是对自己作恶。

我们不但不能对别人作恶，**也千万不要怂恿别人作恶，否则最后吃到恶果的很可能会是我们自己！**

宋朝仁宗时，海盗入侵高邮。当地驻军首领晁仲约估计抵抗不住，便凑了金银、酒肉，送给海盗。海盗取了物品，竟没有继续骚扰，而是打道回府了。此乃保一方平安的无奈之举，虽违反法律，但罪不至死。朝廷知道此事后，准备处理。慷慨激昂的一方认为，在大是大非面前，晁仲约没站稳脚跟，应该杀掉；另一方则认为没有必要。后来，皇帝听从了范仲淹的建议，免了晁仲约的死罪。于是有人质问范仲淹。范仲淹说："大宋开国以来，就未曾轻易诛杀过大臣。晁仲约是否该死，争议颇大。这种情况下，不要轻易劝皇帝杀人，一旦手滑，惯性使然，将来诛杀你我怎么办？"

一个人、一个集体乃至一个国家，一旦开了坏头，再做坏事就会成为惯例，弥补起来不但费时费力，效果也不一定好，因此，收成很难，破坏却易。所以，千万不要怂恿别人作恶，而是尽量引导别人向善。

害人过甚难挽回

镇上有一位员外，家财万贯，乐善好施，每年都会拿出许多钱来捐助当地的寺院，积德行善。

这日，员外的儿子拿着寺里送来的金丝雀把玩，因怕父亲责骂，将其藏匿于怀中，不料却将其闷死。员外生气至极，特来告知住持，望乞佛祖原谅。住持听罢，合掌道："阿弥陀佛！施主诚心向善，佛祖明察秋毫，念及幼子又是无心之过，自当原谅小儿。"员外大喜。

"我佛慈悲！"住持缓缓而道，"不论天下人的罪过多大，只要诚心悔过，都将会得到佛祖的原谅。"

这时突然进来一人，跪拜在地，说道："我罪孽深重，前日见财起贪念，冲动之下，杀死主人，如今追悔莫及，望高僧度我！"住持沉吟不语，兀自拨动念珠。员外疑惑，却听那人说道："佛祖曾言'放下屠刀，立地成佛'，如今我诚心忏悔，为何却不肯原谅我？"住持双手合十，诚恳地说："你去官府吧！"那人忿然离去。

员外欲言又止，住持喟然长叹："非我不度他，只是人犯了过错，自当付出代价。他不是不可以原谅，只是他要付出的代价太大了。"言罢，合掌。员外顿悟。

害人之心不可有，害人之行后果大。当你做了错事犯了过错，如果是小错尤可令佛祖原谅，然而，如果你犯的是恶行，就很难被谅解，而必定要你承担相应的后果。因为罪业已成，就必须付出相应的代价，才能消除。

Chapter VII

不计较，人缘就好；
能包容，成就就高

　　计较不但会像磁铁一样吸引来烦恼，甚至还会使仇恨越来越深；只有宽容，才能将仇恨化解，从而为你自己消灾解难。

1. 计较是一块吸引烦恼的磁铁

计较是一块吸引烦恼的磁铁。如果你对凡事都计较，就难免烦恼重重。想要摆脱烦恼，不妨把这块磁铁扔掉！

有一个妇人，温文有礼，也很懂得持家。有一次，有一个她非常信任的朋友向她借钱，借了之后就跑了，妇人不能接受这个事实，将怨气积在心中，经常拿着一把菜刀和一根棍子在自家门口破口大骂，以此来发泄情绪。几年后，这个妇人真的就疯了。

虽说朋友借钱不还是对方的不对，但如果你太在意它，就是在拿别人的错误来惩罚自己了。计较别人的过失和错误，往往会给自己带来烦恼。你千万不要以为，你不原谅对方，就可以让对方得到教训。事实上，不原谅别人，真正倒霉的却是你自己，一肚子窝囊气不说，甚至连觉都睡不好，甚至还可能会像那个妇人一样闷出病来！

计较是一块吸引烦恼的磁铁。如果你对凡事都计较，就难免烦恼重重。想要摆脱烦恼，不妨把这块磁铁扔掉！

再大的冒犯，也不妨学着宽容

一天，一位禅师正要开门出去时，突然闯进一位身材魁梧的大汉，狠狠地撞在了禅师身上，把他的眼镜都撞碎了，还戳青了他的眼皮。

那位撞人的大汉，不但毫无羞愧之色，还理直气壮地说："谁叫你戴眼镜的？"

禅师笑了笑没有说话。

大汉颇觉惊讶地问："喂！和尚，你为什么不生气呀？"

禅师借机开示说："为什么一定要生气呢？生气既不能使眼镜复原，又不能让脸上的淤青消失、苦痛解除。再说，生气只会扩大事端，如果我对你破口大骂或打斗动粗，必定会造成更多的业障及恶缘，也不能把事情化解。"

"若我早一分钟或迟一分钟开门，都会避免相撞，或许这一撞就化解了一段恶缘，还要感谢你帮我消除业障呢？"

对于禅师的毫不计较，大汉听后十分感动，他问了许多佛的问题及禅师的称号，然后若有所悟地离开了。

事情过了很久之后，一天禅师接到一封挂号信，信内附有五千元钱，正是那位大汉寄的。

原来大汉年轻时不知勤奋努力，毕业之后，在事业上高不成低不就，十分苦恼，婚后也不知善待妻子。一天他上班时忘了拿公文包，中途又返回家去取，却发现妻子与一名男子在家中谈笑，他冲动地跑进厨房，拿了把菜刀，想先杀了他们，然后自杀，以求了断。

不料，那男子惊慌地回头时，脸上的眼镜掉了下来，瞬间，他想起了禅师的教诲，使自己冷静了下来，反思了自己的过错。从那以后，他的生活很幸福，工作也得心应手了，所以特寄来五千元钱，一方面为了感谢师父的恩情，另一方面也请求师父为他们祈福消业。

禅师的不计较给了大汉觉悟，教会了他要用一颗宽容的心去对待别人。**计较是一块吸引烦恼的磁铁，而宽容可以帮助你消掉这块磁铁的磁性。**

再大的仇恨，也不妨学着化解

从前，有一位非常富有的商人，在他年事已高时，便决定把家产分给三个孩子，但在分财产之前，他要三个儿子去游历天下做做生意。

临行前，富商告诉孩子们："你们一年后要回到这里，告诉我你们在这一年内，所做过的最高尚的事。我的财产不想分割，集中起来才能让下一代更富有；只有一年后，能做到最高尚事情的那个孩子，才能得到我的所有财产！"

一年后，三人回来了。老大先说："我在游历期间，曾遇到一个陌生人，他十分信任我。将一袋金币交给我保管。后来他不幸过世，我将金币原封不动地交还给了他的家人。"

父亲说："你做得很好，但诚实是你应有的品德，还称不上是高尚的事情。"

老二接着说："我旅行到一个贫穷的村落，见到了一个衣衫破旧的小乞丐不幸掉进河里，于是我立即跳下马，奋不顾身地跳进河里去，救起了那个小乞丐。"

父亲说："你做得很好，但救人是你应尽的责任，还称不上是高尚的事情。"

老三迟疑地说："我有一个仇人，他千方百计地陷害我，有好几次，我差点死在了他的手中。在我旅行途中，有一个夜晚，我独自骑马走在悬崖边，发现我的仇人正睡在崖边的一棵树旁，我只要轻轻一脚，就能把他踢下悬崖；但我没这么做，反而叫醒了他，让他继续赶路。这实在不算做了什么大事……"

没想到，父亲正色道："孩子，能帮助自己的仇人，是高尚而且神圣的事，你办到了，来，我所有的产业都将是你的了。"

即使别人再怎么千方百计地陷害你，你也要学着不去计较，不要对对方产生仇恨，而是要想办法化解对方对你的仇恨。计较不但会像磁铁一样吸引来烦恼，甚至还会使仇恨越来越深；只有宽容，才能将仇恨化解，从而为你自己消灾解难。

2. 懂得谅解和容忍别人，
你的人缘将好得超乎想象

> 将心比心，便是佛心。当你能设身处地地替对方着想，很少人会再与你计较。当你能像容忍自己一样去容忍别人，你的人缘将好得出乎你的想象。

盘珪禅师备受大家尊崇。有一次，他的一个学生因行窃被人抓住了，众人纷纷要求将这个学生逐出师门，但盘珪并没有那样做，他用自己的宽厚仁慈之心原谅了这个学生。

可是没多久，那个学生竟然又因为偷窃而被抓住，众人认为他旧习难改，要求将他重罚，但盘珪禅师还是没有处罚他。其他学生不服，他们联名上书，表示如果再不处罚这个人，他们就集体离开。

盘珪看了他们的联名上书，然后把他的学生都叫到自己跟前来说："你们都能够明辨是非，这是我感到欣慰的。你们是我的学生，如果你们认为我教的不对，完全可以去别的地方。但是我不能不管那个行窃的学生，因为他还不能明辨是非，如果我不来教他，那谁来教他呢？所以，不管怎么样，即使你们都离开我了，我也不能让他离开，因为他需要我的教诲。"

那位偷窃者听了盘珪禅师的话，感动得热泪盈眶，从此痛改前非，洗心革面，重新做人。

每个人身上都有这样那样的缺点，不要将什么事都看得那么绝对，任何事情都是可以改变的。这个道理看似简单，真正做起来却十分难，因为它要求我们能用宽厚仁慈的心来对待身边的每一个人。**爱自己容易爱别人难，如果你能做到像容忍自己一样去容忍别人，你就是真正地得道成佛。因为，将心比心，便是佛心！**

对待犯错的人，谅解或许是最好的教育

小和尚最近总是不守寺里的清规，趁着夜色偷偷溜出去玩耍。禅师听周围的居民反映了好几次，终于也起了疑心，决定去查探个究竟。

在一个月光如霜的晚上，禅师悄悄蹲在花丛里，一边听着虫儿蛙儿低声嘶叫，一边留神地观察着禅院的那堵矮墙。过了一会儿，一个贼头贼脑的小和尚搬着把小椅子，悄悄地溜到了墙角那儿。他看看四下没人，便把椅子靠在墙边上，自己踏着椅子翻墙出去玩耍了。

禅师从花丛那儿站起来，叹了口气，心想："我该怎么处罚这个小家伙呢？"终于，他想出了一个好办法。他径直走到椅子那儿，坐到椅子上，等小和尚回来。

小和尚玩累了之后，便顺着老路翻进墙来，踩着椅子——奇怪，椅子今天怎么这么软？小和尚仔细一看，吓了一跳——原来自己踩的不是椅子，而是禅师的脊背。小和尚吓得全身发抖，不知道师父会怎么惩罚他。

"天气凉了，快点回去睡觉吧。"禅师揉着脊梁骨说，"年纪大了，不中用了啊。"小和尚的脸马上红到了耳根子，又羞又愧地跑回了房。从那以后，小和尚再也没有在晚上翻墙出去玩耍过。

小和尚违反寺规跑出去玩耍，老禅师不但没有责罚，反而关心起小和尚的冷暖，小和尚在感动之余，也懂得了自己的过错。

人总是要在不断的犯错中成长的。犯错有时候在所难免，虽然这不是我们犯错的借口，但却是客观事实。所以**对待那些犯错的人，谅解或许真的是最好的教育**。

对待报复的人，宽容或许是最好的回应

唐朝名臣狄仁杰待人宽厚，深得他的部下和民众的爱戴。

有一次，武则天皇帝派宰相张光辅到汝南去讨伐造反的李贞。由于老百姓

起义反李贞，李贞很快就被打败，全家自杀。而李贞的两千多名党羽，全部被张光辅判了死刑。狄仁杰那时在豫洲做刺史，听到了这件事，便打抱不平，连忙写了一封奏章给武则天，说那两千多个李贞的党羽，不过是被李贞威胁，根本就不是存心造反，如果把他们统统杀死，实在是冤枉，也未免太残忍了，因此请求宽免。武则天听了狄仁杰的话，便把这两千多人免去死罪，改罚到边境去服役。

张光辅消灭了李贞后，自恃有功，便纵容手下士兵到处抢劫，闹得民间鸡犬不宁！狄仁杰看不过眼，就向张光辅提出抗议。

张光辅心里很恨狄仁杰，一到京城就马上向武则天进谗言，说狄仁杰的坏话。武则天误信了张光辅的话，就把狄仁杰贬到复洲去做刺史。但狄仁杰毕竟是个有才能的好人，不久武则天醒悟了过来，又让狄仁杰回到京城来做了大官。

有一天，武则天对狄仁杰说："你在外面做官，成绩很好；因为有人讲你的坏话，我一时未察，才把你贬到复洲去，你要知道讲你坏话的那个人吗？"狄仁杰答到："如果我有过失，就应该把它改掉；要是没有过失，我的心已经很安乐了，何必要知道说我坏话的人呢？"由此可见狄仁杰宽厚待人的风度。

为人处世，无论你多么小心谨慎，都难免会得罪别人，更何况是那些刚正不阿的人。得罪了人，难免会被别人报复。面对别人的报复，有些人会奋起反击，结果双方之间的仇怨积得越来越深，越来越难以化解。其实，**对待报复自己的人，宽容或许是最好的回应。如果你也和对方一样睚眦必报，自己的境界不是也和对方一样低了吗？**

对待争执的人，将心比心是最好的化解办法

清代中期，有个"六尺巷"的故事。

据说当朝宰相张英与一位姓叶的侍郎都是安徽桐城人。两家毗邻而居，都要起房造屋，为争地皮，发生了争执。张老夫人便修书北京，要张英出面干预。

这位宰相到底见识不凡，看罢来信，立即作诗劝导老夫人："千里家书只为墙，再让三尺又何妨？万里长城今犹在，不见当年秦始皇。"

张母见书明理，立即把墙主动退后三尺；叶家见此情景，深感惭愧，也马上把墙让后三尺。就这样，张叶两家的院墙之间，就形成了六尺宽的巷道，成了有名的"六尺巷"。

事情就是这样：争一争，行不通；让一让，六尺巷。对待和你争执的人，将心比心是最好的化解办法。将心比心，便是佛心。当你能设身处地地替对方着想，很少人会再与你计较。当你能像容忍自己一样去容忍别人，你的人缘将好得出乎你的想象。

3. 将心比心，
是打开别人心门的钥匙

> 每个人的心门上都有一把大锁，人与人之间一切的误会、猜疑和隔阂，往往出于不了解。唯有真正了解别人内心的需要并能给予最贴心的帮助的人，才能打得开对方那副坚固无比的心锁。

寺院库房的大门上有一副坚固的门锁，粗大的铁棒自以为很有办法，一定可以打开这把锁，但不管它撬或者捶，费了多大的劲儿，还是无法打开门锁。

钢锯看不过去，接着上场，但是任凭它左锯还是右拉，门锁依然纹丝不动。

这时，一把毫不起眼儿的钥匙悄悄出现，扁平弯曲的身子，一副弱不禁风的样子。当它钻进锁孔时，那副坚固无比的门锁就一下子被打开了。

"你是怎么做到的？"铁棒和钢锯不解地问道。

"因为我最懂它的心。"钥匙轻柔地回答。

每个人的心门上都有一把大锁，人与人之间一切的误会、猜疑和隔阂，往往出于不了解。**唯有真正了解别人内心的需要并能给予最贴心的帮助的人，才能打得开对方那副坚固无比的心锁。**

让对方喜欢你的方法

驴和狗结伴一起旅行，途中看到了一封信，驴捡起来撕开信封，把内容念给狗听。信上写的是有关马和驴的饲料之事，也就是关于大麦、小麦、稻草等事，狗觉得很无聊，就说：

"你这一段跳过去不要念，后面也许有关于肉和骨头的事。"

驴把信念完了，都没有提到狗所关心的事，于是狗对驴说：

"把信丢掉吧！一点用处也没有。"

为什么狗会这样说呢？因为狗关心的是关于肉和骨头的事，而饲料之事与它毫无关系。这启示我们，**要想让对方喜欢，就要做让对方喜欢的而不是自己喜欢的事，就要说让对方喜欢听而不是自己喜欢说的话。**这是打开对方心门的一把很有效的钥匙。

让对方信赖你的做法

有一位得道高僧，以其拥有高明的智慧而闻名全国。因此，国王请他来给自己和大臣们讲了几天佛法智慧。待高僧要回寺院之前，高僧送给了王子一套三个小玩偶的礼物。然而，王子却似乎对这套礼物不怎么喜欢，他问高僧："你给我这些玩偶，是把我当成了女孩子吗？"

"这是一件给未来国王的礼物，"高僧说。"如果你仔细地看，你会发现每个玩偶的耳朵上都有个小孔。"高僧递了给他一根绳子说，"试着从每个玩偶的耳朵穿进去。"

王子的好奇心被激起来了。只见他把绳子穿进了第一个玩偶的耳朵，然后绳子从另一个耳朵穿了出来。

"这是第一种人，"高僧说，"无论你告诉他什么，他都会从这个耳朵进，那个耳朵出，他不会把任何事情记在心里。"

王子又把绳子穿进第二个玩偶的小孔里，这一次绳子从玩偶的嘴里穿了出来。

"这是第二种人，"高僧说。"无论你告诉他什么，他都会告诉所有的人。"

王子拿起第三个玩偶重复了前面的过程，绳子没有从任何部位穿出来。

"这是第三种人，"高僧说，"无论你告诉他什么，他都会深深地藏于心底，从不会说出去。"

"哪种类型的人最好呢？"王子问。

高僧从怀里掏出了第四个玩偶递给王子，作为答复。

当王子把绳子穿进玩偶时，绳子从另一个耳朵穿了出来。

"再试试，"高僧说。王子重复了刚才的动作，这次绳子从玩偶的嘴里穿了出来。当他第三次把绳子穿进玩偶时，绳子再也没出来。

"这就是答案。"高僧说，"要想成为一个值得信赖的人，应该懂得什么时候不应该听，何时保持沉默，以及何时开口说话。"

想打开别人的心门，就必须使对方觉得你值得信赖。如何成为一个值得对方信赖的人呢？高僧已经给了我们答案。

让对方很受感动的办法

有一个楚国人挑着一只山鸡赶路。他骗路人说他挑的是只凤凰。而这个路人并没有见过真正的凤凰，就一心想要把它买下来敬献给楚王。没想到，出高价买下的山鸡没过一天就死了。路人心疼坏了，不是因为损失了很多银两，而是因为没有实现把凤凰献给楚王的心愿。

这件事传到了楚王的耳朵里，他也真的以为那只山鸡就是凤凰。楚王因此很受感动，就重赏了那个路人。楚王赏给路人的钱高过了路人买山鸡价钱的好几倍。

真诚最容易打动别人。**当你出于真诚去为别人做一件事情时，即使事情没有办好，对方也会被你感动，从而为你打开心门，回报你的付出。**

让你会失去朋友的做法

日本有个著名的法师为了寺院的事，前去拜访一位董事。那位董事端出一杯茶招待法师，当时他突然发现杯子有个小小的缺口，于是很不好意思地说："师父，很抱歉，这杯子缺了一角……"

法师问答："缺角的地方不去看它，整个杯子就是圆的。每个人都有缺点，若不去计较缺点，则每个人都是很好的人。"

缺角的地方不去看它，整个杯子就是圆的。每个人都有缺点，若不去计较缺点，则每个人都是很好的人。法师这句话看似普通，但话语中所蕴含的哲理，实在值得我们琢磨一辈子。

这位法师在一次讲解佛法时，还进行过如下的图解。那天，法师拿出了一张白纸，然后在白纸上画了一个黑色圆点。他问大家："你们看见了什么？"

众人回答："一个黑点。"

法师说："你们只说对了极少一部分，纸中最大的部分是空白。我们很容易犯的一个错误就是，只见小，不见大，从而束缚住了我们的心。"

法师又说："另外，如果我们把这个黑点比喻为人的缺点。它给我们最大的启示就是，有些人总喜欢盯住自己的缺点不放，从而使自己成为了一个自卑而怯懦的人；还有一些人习惯于盯住别人的缺点不放，从而使自己失去了世界上所有的朋友。"

如果你总盯着别人的缺点不放，你就会失去所有的朋友；如果你只看到别人的优点，绝不计较别人的缺点，别人的心门将马上为你而开，把你引为知己、挚友。

4. 只有你把别人当回事，
别人的心门才会为你而开

没有一个人愿意忍受灵魂的孤独，没有一个人希望这个世界冷漠如冰，当你能将心比心地对待别人，当你能对别人善解人意，你就能让对方高高兴兴地打开心门，欢迎你进去作客！

有一对夫妇常常为吃苹果的问题发生口角。

妻子怕苹果皮沾了农药，吃后会中毒，所以每次都一定要把皮削掉；丈夫则认为果皮有营养，把皮削掉太可惜。由于夫妇俩经常吃苹果，所以就常常吵架。最后，俩人竟吵到去找无嗔大师评断是非。

无嗔大师对那位妻子说："你先生这么多年来都吃不削皮的苹果，身体还好好的，你担心什么？"

无嗔大师又对那位丈夫说："你太太不吃苹果皮，你就嫌她浪费，那你就把她削的皮拿去吃了，这不就没有事了吗？"

大师还说："由于家庭环境的不同，成长过程的不同，每个人的生活习惯也会有所不同。因此，不要勉强别人来认同你的习惯，同时，要宽容别人的习惯。"

小俩口茅塞顿开。

只有你把对方当回事，站在对方的角度考虑问题，替对方着想，才能理解对方，才能和谐相处，没有矛盾，没有冲突，从而也就杜绝了烦恼的一大来源。

想别人所想，急别人所急

生活中有着太多的心灵相隔：在单位上班，彼此可以因为一个职称，闹得形同陌路；出门在外，两个陌生人可以由于一言不合，马上挥拳相向；街头巷尾，一些人遇到需要求助的人会绕道就走，连打个急救电话都嫌多事……我们一方面越来越渴望了解和把握自己置身的世界，另一方面则越来越害怕被这个喜怒无常的世界"刺伤"。我们总爱造一层厚厚的硬壳，把自己的心紧紧地包裹在里边，既不想走进别人，也不让别人走进来。只是，如果谁都不打开自己的心门，世界将越来越缺少温暖与阳光。

让我们拥有一双看懂别人的眼睛吧，这样，才能打开别人的心门。看懂别人，别人才会为你打开心门。人过一百，形形色色，有的外向，有的内向，有的直率，有的委婉，有的与人为善，有的自私刻薄……然而，只要你真正地把别人当回事，想别人所想急别人所急，别人的心门就会为你而开。

没有一个人愿意忍受灵魂的孤独，没有一个人希望这个世界冷漠如冰，当你能将心比心地对待别人，当你能对别人善解人意，你就能让对方高高兴兴地打开心门，欢迎你进去作客！

你重视别人，别人才重视你

世上之人，各个不同，他们的不同之处即在于每人的兴趣各自不同。人与人之间的差异之处，如果我们能加以细细的考察、探究，我们就一定能把它们轻松地转化为能供我们利用的资源。因为它们也是形成人类生活的部分，或者全部，它们是人性范围中必有的事情，不管是人类所言、所想、所行；或者其他的一切事情，包括个人的性情、嗜好、见解以及偏见，都全在人性的范围之内。

在众多策略中最简易的，就是让对方感到，我们对他们所感兴趣的、与他们切身相关的事物，都有足够的认识。那些伟大的领袖人物就经常使用这种既简单又重要的策略。

当然，人与人之间都是有差异的，在使用这种策略时，我们也要因人而异，针对不同的人采取不同的策略。

卡莱在刚刚出任美国钢铁公司的一把手时，感到了前所未有的压力，因为他的同事们不但不支持他，反而处处与他为难，使卡莱在工作上非常被动。卡莱觉得这种局面不能再持续下去，他决定以主动的态度来解决这个问题。

他觉得应该先探索自己不受欢迎的原因，再与同事们培养感情，然后得到他们的鼎力合作，使公司的业务蒸蒸日上。卡莱到底是如何解决这个难题的呢？

其实说起来也并不复杂，卡莱在写给同事们的有关业务方面的信件中，经常穿插一些私人性的谈话内容。

他在每一封信中，都附写上一两行与收信人的喜好相关的事情，或是他们最盼望的事情，或问候他们的家人和朋友，或回忆一下和他们上次会谈时的情形。卡莱的策略大获成功，并最终让他在事业上取得了骄人的成绩。

其实，我们只需采取一些非常简单的方法，就能让对方感到我们对他的关心，可是这种策略的效果，却往往令人非常惊奇。

曾有人将我们活动的空间比喻为"人类的游乐场"，这真是一个有趣的比喻。那些杰出人物的过人之处，就在于他们能把那些和自己素不相识的人变成自己的朋友、支持者。

然而，那些新朋友的来源，大半都是他们积极地将自己投身于"人类的游乐场"，以便接触外界不同性格、不同兴趣的人。

要想获得他人的接纳和合作，我们就必须事先了解对方的兴趣、个人嗜好。我们要经常牢记他人的名字、嗜好、习惯，牢记他们曾经做过的那些事情，以及他们所推崇的人物，甚至包括他们缺少什么或需要什么等等。

我们须不畏其难地向他人表示，对他们所感兴趣的那些事情，我们也有着同样的关切之情；同时还要让对方了解到自己已略懂这方面的知识，同时也很重视它。对于那些特别重要的人士，或者是个性特殊的人物，我们更是要事先探知他们的偏好，或想尽办法来引起对方对我们产生注意。

切记，你对别人感兴趣，别人才会对你感兴趣；你重视别人，别人才会重视你。当你把别人当一回事了，别人的心门才会为你打开。

5. 从心灵投契开始的，才是真正的朋友

有的人成为朋友是从认同对方的"身外之物"开始的，有的人成为朋友则是从心灵投契开始的。前者往往是名义上的朋友，后者则是真正的朋友。

两个单身旅行者相遇在旅途长达两天两夜的长途列车上。刚开始时，两人只是淡然地坐着，各自想心事。中午过后，两人开始相互递烟。黄昏时分，双方互通了姓名、职业，谈起了天说起了地，很是投机。

第二天早起时，两人已俨然成了相交多年的老朋友。待太阳落到地平线下面后，两人更是开始抖落出平时从不与人谈及的隐秘话题，直到深夜。

长途列车快要到达终点站了。临分手时，两人竟然都有了一种"人生难得一知己"的感慨，遂互递了名片，都信誓旦旦地说："一定要常联系，一定要常联系啊！"

事实上，在他们各奔东西后，从来就没有联系过一次，因为他们各自都觉得没有这个必要。他们是朋友吗？是朋友。虽然只是短暂的朋友。他们是知己吗？毫无疑问是，虽然只是一次性知己。

其实，每个人在十分寂寞的情况下，都容易缔结出这种亲密关系，曾经双方都获得过瞬间的快乐，然而，它只是一道即食的快餐而已。谁也不会太拿它当真。这样的朋友，自然不是真正的朋友。那么，什么样的朋友，才是真正的朋友呢？

有一位学佛颇有心得的居士，曾在欧洲留过学，在谈到"什么样的朋友才是真正的朋友"这个问题时，他讲了这样一个故事。

欧洲著名的音乐家亨德尔应邀参加一个假面舞会，因为不擅长跳舞，所以他坐下来弹起了钢琴。当时，意大利著名的作曲家斯卡拉蒂也在场，斯卡拉蒂并不认识亨德尔，只听过他那非凡的演奏。当美妙的琴声传来时，斯卡拉蒂一

下子惊呆了。他指着那个弹钢琴的人说："如果他不是魔鬼，就一定是亨德尔！"说完走上前去，掀开了演奏者的面具，果然是亨德尔。从此，两人成为了好朋友。

有的人成为朋友是从认同对方的"身外之物"开始的，有的人成为朋友则是从心灵投契开始的。前者往往是名义上的朋友，后者则是真正的朋友。

真正的朋友，应是善友

有一位禅师讲过这样一个寓言。

铁锅建议沙锅与它结伴旅行，沙锅委婉地说，自己最好还是呆在炉火旁，因为对它来说，哪怕稍有点磕碰或者不小心，就将粉身碎骨，变成碎片一堆。

"我可以保护你啊，"铁锅说，"假如有什么硬东西要碰撞你，我会将你们隔开，使你安然无恙。"

最后，沙锅还是被铁锅说服了，就与铁锅结伴上了路。两个三条腿的家伙一瘸一拐地在路上行走，稍有磕碰，两口锅就撞在了一起。沙锅难受死了，走不到百步，还没有来得及抱怨，就已被它的保护者铁锅撞成了一堆碎片。

禅师想通过这个寓言告诉自己的弟子，择友要选择与自己趣味相投者，更要选择善友益友，否则容易落得像沙锅一样的下场。**择友不慎等于自杀。要切记，勿交恶友，不与贱人为伍；须交善友，应与上士为伍。善友益友，上士君子，才是你真正的朋友。**

有一个路人发现路旁有一堆泥土散发着芬芳的香气，于是便把这堆土带回了家。一时间，他家竟然香气满室。路人好奇而惊讶地问这堆泥土："你是从大城市来的珍宝呢，还是一种稀有的香料，或是价格昂贵的材料？"

泥土说："都不是，我只是一块普通的泥土。"

路人又问："那你身上浓郁的香味是从哪儿来的？"

泥土答："我只是曾在玫瑰园和玫瑰相处了很长的一段时间。"

物以类聚。和什么样的人相处，久而久之，就会有相同的味道。**想让自己身上有玫瑰的香气，就和玫瑰成为朋友；想让自己成为君子，就要远离小人；**

看开，想开，烦恼走开

想让自己得道成佛，就一定要和得道者在一起。能让你发出"香气"的，才是你真正的朋友。

真正的朋友，雪中送炭

北宋名臣司马光在元佑年间出任宰相时，推荐刘器之到国史馆任职。有一天，刘器之来访，司马光问他："你知道我为什么推荐你吗？"刘器之回答："因为我们是旧交。"司马光说："不是。其实是因为我闲居在家时，你经常来问候；而我担任宰相后，却只有你没有来过信，这才是真正的原因。"

司马光的意思是当他失势落难时，刘器之仍然雪中送炭，和他维持很好的友谊；而不像其他人只在他当了宰相后才来趋炎附势、锦上添花。这种做人处世的态度让司马光很欣赏，所以他特别推荐刘器之出任要职。因为司马光觉得，这样的朋友，才是自己真正的朋友。

当你得势时，很多人会争先恐后地来给你锦上添花，但他们很难会被你当成是真正的朋友，甚至会让你感到厌烦。当你失势时，因为门前冷落、内心空虚，此时如果有人雪中送炭，专程来问候你，你就会觉得特别温暖，特别高兴，也因而会特别喜欢和看重对方，认为对方是你真正的朋友。事实上，**能在你落魄之时还把你当成好朋友的，给你雪中送炭的，往往都是你真正的朋友，因为你们之间是心灵之交，而非物质之交。**

真正的朋友，让你放松

友情是心灵的休息地，真正的友情只能用心体会、用爱感受。

人生如戏台。人的一生有前台，也有后台。前台是粉墨登场的所在，费尽心思化好了妆，穿好了衣服，准备好了台词，端起了架势，调匀了呼吸，一步步踱出去，使出浑身解数：该唱的，唱得五音不乱；该说的，说得字正腔圆；该演的，演得淋漓尽致，于是博得满堂彩，名利双收，踌躇满志而归。

　　然而，当他回到后台，脱下戏服，卸下妆彩，露出疲惫发黄的脸部时，后台有没有一个朋友在等他，和他说一句真心话，道一声辛苦了，或默默交换一个眼色，这眼色也许比前台的满堂彩都要受用，而且必要！

　　人有没有这样的朋友，很重要。后台的朋友，是心灵的休息地，在他面前，不必化妆，不必穿戏服，不必做事情，不必端架子，可以说真话，可以说泄气话，可以说没出息的话，可以让他知道你很脆弱、很懦弱、很害怕，每次要走入前台时都很紧张、很厌恶，因为你确知后台朋友只会安慰你，不会耻笑你，不会奚落你。况且，在他面前你早已没有形象可言了，也乐得继续没形象下去。

　　真正的朋友，是心灵之交，是良师益友，能雪中送炭，更能让你心灵放松，在你的心疲惫不堪的时候，可以好好地休息休息。如果你拥有这样的朋友，珍惜吧！

6. 帮助别人搬开绊脚石，就是在为自己铺路

> 帮助别人就是在帮助自己。在生活中，只要你留心就会发现，帮助别人搬开对方脚下的绊脚石，恰恰是在为自己铺路；帮助敌人，反而帮自己得到了相交一生的朋友。

古时候，有两个兄弟各自带着一只行李箱出远门。一路上，重重的行李箱将兄弟俩都压得喘不过气来。他们只好左手累了换右手，右手累了又换左手。忽然，大哥停了下来，在路边买了一根扁担，将两个行李箱一左一右地挂在扁担上。他挑起两个箱子上路，反倒觉得轻松了很多。走上一段路后，弟弟换过来挑担，大哥更能轻松地走上一段路了。

帮助别人就是在帮助自己。在生活中，只要你留心就会发现，帮助别人搬开对方脚下的绊脚石，恰恰是在为自己铺路；帮助敌人，反而帮自己得到了相交一生的朋友；以德报怨，不但能很容易地化解矛盾，还能收获对方的尊重和友善；浇灌对方的瓜田，会结出更甘甜的果实；给别人活路，就是给自己活路；给别人点亮一盏灯，也是在给自己照明前方的路！

帮助别人，就是在帮助自己

梁国和楚国相邻，这两国都出产瓜。梁国人很勤奋地浇灌他们的瓜田，所以瓜都长得又大又甜。楚国人却十分懒惰，很少去浇灌他们的瓜田，所以瓜都长得不好看也不好吃。

然而，楚国的人嫉妒梁国的瓜种得好，常在夜里去破坏梁国的瓜田，给对

方造成了不少的损失。梁国人气不过，请求当地的县令宋就准许他们也过去破坏对方的瓜田。

宋就说："彼此结怨如何了得。何必心胸狭窄到这种程度呢？"他反而命令士兵每晚都偷偷地去浇灌楚国的瓜田。

楚国人十分惊讶有人浇灌他们的瓜田，加以追查，才知道是梁人所为。楚地的县令把这事告诉了楚王。楚王一方面很惭愧国人的表现，一方面也很称道梁人的做法。从此两国结下了很好的邦谊。

"种瓜得瓜，种豆得豆"。宋就出人意料的"浇灌对方的瓜田"，感动了楚人，于是就收获两国很好的邦谊。试想如果当初宋就采纳本地百姓的建议，也去破坏楚国的瓜田，两国百姓只会因此结下深深的怨恨，冤冤相报无穷尽，甚至可能引发一场战争，到那时，老百姓家破人亡流离失所的悲剧将不可避免。宋就的转念一想，结出了甘甜的外交之果。

在遭遇伤害时，如果我们不再针锋相对地回击，而是报以友善来浇灌对方的"瓜田"，双方的感情必定可以得到融洽的沟通，矛盾亦能得到圆满的解决，人世间也会因此少去很多很人为的灾祸！

帮助别人就是帮助自己。在遇到纠葛时，学学古人宋就，为对方的瓜田浇浇水吧，浇下宽容，必将长出理解；浇下善良，必将长出友爱。

给别人活路，就是给自己活路

在没有出家前，还是少年的戒痴和尚俗家名字叫静林。有一次，少年静林到河边去钓鱼，遇到了一位捕蟹的老人。老人身上背着一个大蟹篓，但并没有上盖。静林出于好心，提醒老人说："大伯，你的蟹篓忘了盖上盖子了。"老人慈祥地看了静林一眼，说："小伙子，谢谢你的好意，但是我想告诉你，蟹篓是可以不盖的，因为要是有蟹爬出来，别的蟹就会把它钳住，结果谁也跑不了。"

静林忽然顿悟：有的人不也像蟹一样吗，自己找不到活路，也不让别人找活路。他记起了这样一件事：有个地方发生了一场大地震，于是当地的一个小煤矿里的工人为了逃命，谁也不甘心落后，争先恐后地往外挤，结果由于坑道口太小，把出口给堵死了，最后谁也没能逃生，全部遇难。而在附近也有一个小煤矿，当遭遇地震时，煤矿挖掘队的队长很镇定，只听到他大声地喊道："大家不要挤，一个一个来！"他自己也不急于逃生，而是留在了后面指挥。结果二十多个矿工全都安全地跑了出来，他自己也脱离了陷境。

生活往往就是这样，你不给别人活路，最终将会自断生路；你给别人机会，其实也等于是给自己机会。

帮助敌人，就是保护自己

战国时，中山国相国司马熹很得国君信任，但是国君的宠姬阴简十分憎恨司马熹，常在国君的枕边说他的坏话。怎么样才能不这样坐以待毙呢？想了很长时间，司马熹都没能想出一个万全之策。

中山国有个叫田简的智者，他看出了司马熹的艰险处境，于是悄悄地向司马熹献策。

不久之后，赵国来了一位使者。对战国七雄之一的赵国的来使，小小的中山国自然是不敢怠慢的，所以，司马熹几乎寸步不离地陪伴在赵国使臣身边，生怕有一点怠慢。

一次在宴会上，司马熹问使者："听说贵国擅长音乐的美女很多，是这样吗？"使者说："并非如此。"司马熹说："我曾经到过许多国家，见过无数美女，但总觉得没有人比得上我国的那位阴简了，她的容貌倾国倾城，仪态婀娜多姿，简直有如仙女下凡！"

赵国使者记在了心里，回去之后便马上把这一情况禀报给了赵王。赵王听了之后，还未见到阴简本人，就已经很动心了。于是，赵王派使者到中山国，请求把阴简送给自己。

阴简是中山国国君最宠爱的妃子，国君视她为掌上明珠，现在赵王要夺人所爱，他哪里肯答应。但是，国君又担心如果得罪了赵王，中山国就会遭到赵国的报复，中山国国力微弱，很可能要蒙难。正当中山王束手无策之时，司马熹向国君进谏说："启奏大王，臣有一个办法，既可以回绝赵国，又可以避免我国蒙难。"国君一听十分高兴，忙问道："你有什么万全之策？"司马熹说："您可以立即册封阴简为王后，这样就能死了赵王的邪念。"

中山国国君立即照办。就这样，中山国保全下来了，阴简顺利地做了王后。司马熹因力荐阴简为王后而得到了阴简的尊重，阴简从此不再憎恨司马熹，心中对他感激涕零，司马熹终于摆脱了困境。

帮助敌人，就能让你少一敌，而少一个敌人就是多一个朋友。这个由敌人转变而来的朋友，会比你一般的朋友更对你好！因此，帮助敌人不但是保护自己，更是为自己找到更大的助力。

7. 别人是你自己最好的一面镜子

别人是你自己最好的一面镜子。你怎样对待别人，别人就怎么对待你。你替别人着想，考虑别人的方便，别人也会替你着想，考虑你的利益。学会换位思考，人生将从此焕然一新！

春秋战国时代，燕国有个叫赵礼的人，他有一块在路边的田。靠他田边的这段路比较低洼，下了雨就要积水，道路泥泞，难以行走。过路人只好踏着他的田走过去。这使赵礼非常生气，于是他在田头上插了一个"禁止通行，违者罚银两"的牌子。但行路人似乎视而不见，依然从他的田地里穿行。他一气之下，便在低洼路面和田地中间挖了一条让人跨不过去的沟。没想到，这不仅没能堵住行人踩地，反而由于行人要绕大弯子而踩踏了更大面积的田地。为此，他常常与行人争吵不休，总令自己气得寝食不安。

过了些时候，他的心慢慢地平静了下来，开始了换位思考，觉得行人总是要走这条路的，谁也不愿意走泥泞小道，如果把这条低洼的路修好，行人不就不从田里过了吗？于是，他排除了路面上的积水，挑土填平了低洼路面，修了一条平坦的小路。打那以后，行人再也不踩他的田了。

佛祖说，别人是你自己最好的一面镜子。你怎样对待别人，别人就怎么对待你。你不为别人着想，别人就不会为你着想；你替别人着想，考虑别人的方便，别人也会替你着想，考虑你的利益。学会换位思考，人生将从此焕然一新！

想让别人爱你，你得先去爱别人

　　柳镇上的凌施主最近非常烦恼，因为他觉得自己的亲人都不爱自己，朋友也不喜欢自己，于是他把自己的痛苦告诉了附近一个寺院的方丈，希望方丈能给自己一些解决烦恼的方法。方丈没有劝慰他，而是给他讲了这样一个故事：

　　有一个孩子跑到山上，无意间对着山谷喊了一声："喂……"声音刚落，从四面八方传来了阵阵"喂……"的回声。大山答应了。孩子很惊讶，又喊了一声："你是谁？"大山也回音："你是谁？"孩子喊："为什么不告诉我。"大山也说："为什么不告诉我。"

　　孩子忍不住生气了，喊道："我恨你。"他这一喊可不得了，只听见整个世界传来的声音都是"我恨你，我恨你……"

　　孩子哭着跑回家告诉了妈妈。妈妈对孩子说："孩子，你回去对大山喊'我爱你'，试试看结果会怎样，好吗？"

　　孩子又跑到山上。果然，这次孩子被包围在了"我——爱——你，我——爱——你……"的回声之中。孩子笑了，群山笑了。

　　故事讲完后，方丈对凌施主说，**有时候，我们总是在抱怨别人对自己的态度太冷漠，不给自己好脸色看，却不知道你自己是对方一面最好的镜子，你对对方笑，对方就会对你笑；你骂对方，对方就会骂你……想让别人爱你，对你好，你就得先去爱别人，先对别人好。**

想让别人喜欢你，你得先去喜欢别人

　　苏东坡与佛印禅师是很好的朋友。有一天，他和佛印禅师一起坐禅。

　　苏东坡说："大师，你看我坐在这里像什么？"

　　"看来像一尊佛。"佛印说。

　　苏东坡讥笑着说："但我看你倒像一堆大便！"

　　佛印禅师对苏东坡的讥笑一点儿都不在意，只是微微一笑。

回家后，苏东坡把这件事告诉了苏小妹。

"因为自己是佛，看别人也会像佛；若自己是大便，看别人也会像大便。"听了苏东坡的话，苏小妹说。

别人是自己的一面镜子，你看别人像什么，你就是什么。要想得到别人的喜欢，首先你要去真诚地喜欢别人。当你真心喜欢别人时，别人才会真正地喜欢你。

想让别人对你付出诚意，你得先拿出真心

有一对邻居，由于上辈人结怨，所以成了仇家。两家人都觉得很难受，但由于仇怨太深，没有人能帮助他们从苦恼中摆脱出来。有一天，村里来了一位云游和尚，听说了这两家人的事情后，出了一个主意。

他用绳子绾了一个疙瘩，把绳子的一头藏起来，另一头露出来，然后作出约定，两家人谁能先把疙瘩解开，另一方就当着全村人的面向这家人赔礼道歉。为了占得先机，两家人日思夜想，都争着想把这个疙瘩解开。一直过了半个多月，尽管两家人绞尽脑汁，但谁也拿那个疙瘩没办法。无奈之下，两家人去找那个和尚。和尚微微一笑，说："问题的症结就在于藏起来的另一个头上。要想解开这个疙瘩，绳子的两个头，缺一不可啊。"两家人听完后，恍然大悟，在和尚的调解下，消除了彼此间的仇怨，和好了起来。

别人是你最好的一面镜子，你怎样对待别人，别人就怎样对待你。**不要等着别人去将就你，你要主动一点。只有你先拿出真心，别人才会为你付出诚意。**

Chapter VIII

活出人间好时节，
不去虚度好年华

世间的事皆是闲事，没有什么不得了，更不值得挂在心头，若能如此，你便能过上人间最赏心悦目的好时节。人生苦短，生命是经不起等待的，须好好把握，活好当下的美好时光。

1. 活出人间好时节，不去虚度好年华

人生的价值不在于你活了多少年，而在于你走过的生命中有多少"好时节"。这取决于我们的心态，看不开，处处抱怨，人生便是一出悲剧；看开了，知足、乐观地活，便能活出人生好时节。

这是佛祖释迦牟尼在佛经里讲到的一个比喻。

"世界上有四种马：第一种是良马，能日行千里，速快如流星。尤其可贵的是，当主人一扬起鞭子，它便知道主人的心意，体贴入微，这是能够明察秋毫的第一等良马。"

"第二种是好马，当主人的鞭子抽过来的时候，它看到鞭影，不能马上警觉。但是等鞭子扫到马尾的毛端时，它也能知道主人的意思，算得上好马。"

"第三种是庸马，它见到鞭影，不但毫无反应，甚至鞭如雨下，它都反应迟钝。等到主人动了怒气，鞭棍交加打在它的肉躯上，它才能顺着主人的命令奔跑，这是后知后觉的庸马。"

"第四种是驽马，主人扬鞭之时，它视若无睹；鞭棍抽打在皮肉上，它仍毫无知觉；直至主人盛怒至极，双腿夹紧马鞍两侧的铁锥，霎时痛刺骨髓，它才如梦方醒，放足狂奔，这是愚劣无知、冥顽不灵的驽马。"

佛陀说到这里，突然停顿下来，眼光柔和地扫视着众弟子，用庄严而平和的声音说："徒弟们！这四种马好比四种不同根器的众生。**第一种人听闻世间有无常变异的现象，生命有陨落生灭的情境，便能悚然警惕，奋起前进，努力创造崭新的生命。**好比第一等良马，不必等到死亡的鞭子抽打在身上。"

"第二种人看到世间的花开花落、月圆月缺，看到生命的起起落落、无常侵逼，也能及时鞭策自己，不敢懈怠。好比第二等好马，鞭子才打在皮毛上，便知道放足驰骋。"

  "第三种人看到自己的亲朋好友经历死亡，目睹骨肉离别的痛苦，才开始忧悒惊惧，善待生命。好比第三等庸马，非要受到鞭杖的切肤之痛，才能翻然醒悟。"

  "而第四种人当自己病魔侵身，如风中之烛的时候，才悔恨当初没有及时努力，在世上空走了一回。好比第四等驽马，受到彻骨彻髓的剧痛，才知道奔跑。然而，一切都为时过晚了。"

活出生命真意义

  活着就要做有意义的事，做有意义的事就是要好好活着。

  有人活了一辈子都不明白什么才算是意义的事情，在很多人看来，自己实在太渺小了，干不了什么惊天动地的大事。其实一件事有没有意义并不在于这件事的大小。**任何一件事情，哪怕再小，只要是你该做的，你用心把它做好了，这就是有意义的。**

  大热天，禅院里的花被晒蔫了。

  "天呐，快浇点水吧！"小和尚喊着，赶紧跑去提了桶水来。

  "别急！"老和尚说，"现在太阳大，一冷一热，非死不可，等晚一点再浇。"

  "该浇花了！"傍晚，禅院里的花已经成了"霉干菜"的样子，老和尚才想起来浇水。

  "不早浇……"小和尚嘀嘀咕咕地说，"一定已经死了，浇不活了。"

  "浇吧！"老和尚漫不经心地吩咐道。

  水浇下去没多久，已经垂下去的花，居然全立了起来，而且生机盎然。

  "师父！"小和尚喊，"它们可真厉害，憋在那儿，撑着不死。"

  "胡说！"老和尚纠正，"不是撑着不死，是好好活着。"

  "这有什么不同呢？"小和尚低着头。

  "当然不同。"老和尚拍拍小和尚的头，"我问你，我今年八十多了，我是撑着不死，还是好好活着？"

上晚课的时候，老和尚把小和尚叫到跟前："怎么样？想通了吗？"

"没有。"小和尚还低着头。

老和尚敲了小和尚一下："笨呐！一天到晚怕死的人，是撑着不死；每天都向前看的人，是好好活着。"

每个人都拥有一次生命，没有谁的生命比别人的更尊贵，也没有谁的生命比别人的更卑贱。问题在于并不是每个人都懂得生命的意义，懂得珍惜自己的生命。**珍惜生命的人，懂得好好活着，生命对于他来说是恩赐；畏惧生命的人，撑着不死，生命对于他们来说反而成了负担。**

佛光禅师门下有个叫大智的弟子，出外参学20年后回到了师父身边。

在佛光禅师的禅房里，大智述说了自己在外游学20年的种种见闻和感悟，最后大智问道："师父，这20年来，您一个人还好吗？"

佛光禅师道："很好！很好！讲学、说法、著作、译经，每天在法海里泛游，世上没有比这更快活的生活了，每天，我忙得好快乐。"看着年迈的师父，大智关心地说道："老师，您应该多一些时间休息！"

夜深了，佛光禅师对大智说道："你休息吧！有话我们以后慢慢谈。"

第二天一早，大智就被一阵木鱼声敲醒了。大智走出禅房，发现敲鱼诵经的声音正是从佛光禅师的禅房里传出来的。原来佛光禅师每天都是这样早起晚睡，忙个不停。白天，佛光禅师不厌其烦地对一批批来礼佛的信众说禅讲法，一回禅房不是批阅学僧心得报告，便是拟定授课的教材，每天总有忙不完的事。

好不容易看到佛光禅师刚与信徒谈话告一段落，大智抢着问佛光禅师道："老师，分别这20年来，您每天的生活都是这么忙着，怎么都不觉得您老了呢？"

佛光禅师道："我没有时间老呀！"

"没有时间老"，这句话后来一直在大智的耳边响着。

我们说人生在世一定要好好活着，怎么样才算好好活着呢？"发愤忘食，乐以忘忧"而已！别闲着，做你该做的事儿去，这就是活着的最高境界，就是好好活着。

活好当下好时光

一个人所拥有的最好的东西是什么？不是昨天的辉煌，也不是明天的希望，而是现在。

永平寺里，有一位八十多岁的老禅师在烈日下晒香菇，住持道元禅师看到以后，忍不住说："长老，您年纪这么大了，为什么还要做这种事呢？请老人家不必这么辛苦！我可以找个人为您代劳呀！"

老禅师毫不客气地道："别人并不是我！"

道元禅师说："话是不错，可是要工作也不必挑这种大太阳的时候呀！"

老禅师说道："晴天不晒香菇，难道要等阴天或雨天再来晒吗？"

道元禅师一时语塞。

人生有两件事情绝不能做：一是"等"，不能等明天；二是"靠"，不能靠别人，否则你这一生就算白活了。

日本净土宗的创始人亲鸾上人自小父母双亡。九岁时，他就已立下出家的决心，于是跑去找慈镇禅师为他剃度，慈镇禅师就问他："你还这么小，为什么要出家呢？"

小亲鸾答道："我虽年仅九岁，父母却都不在了，我因为不知道为什么人一定要死亡，为什么我一定要和父母分离，所以，为了探索这个道理，我一定要出家。"

慈镇禅师非常嘉许他的志愿，说道："好！我明白了。我愿意收你为徒，不过，今天太晚了，待明日一早，我再为你剃度吧！"

小亲鸾听后，非常不以为然地答道："师父，虽然你说明天一早为我剃度，但我终是年幼无知，不能保证自己出家的决心是否可以持续到明天。而且，师父，您都那么老了，您也不能保证您是否明早起床时还活着啊。"

慈镇禅师听了这话以后，拍手叫好，并满心欢喜地说道："说得好啊！你说的话完全没错，现在我马上就为你剃度！"

没有人能预知未来，谁也不能确定明天带来的是新的希望，还是未知的绝望！所以人活着就要努力，勿使今天依然成为过去的一部分！**生命是经不起等**

待的，人生短暂，须只争朝夕。时间是很容易消逝的，须好好把握，活好当下的美好时光。

人生如白驹过隙，转瞬之间而已，抓紧现在的时间好好生活吧，做些值得回味的事情，不要到行将离世时，才开始悲怨惆怅。

活出人间好时节

无门慧开禅师有一首偈，开头两句是：**"春有百花秋有月，夏有凉风冬有雪；若无闲事挂心头，便是人间好时节。"**是说世间的事皆是闲事，没有什么不得了，更不值得挂在心头，若能如此，你便能过上人间最赏心悦目的好时节。慧开禅师是得道高僧，悟道成佛的人，自然境界不同。以这样的心境过日子的，虽不一定都是得道高人，但一定是热爱生活的人，而对生活缺乏热情的人大概不容易办到。

春天除了百花芬芳也有荆棘杂草；秋天除了清风明月还有落叶枯藤；夏夜的凉风虽好，却也有蚊虫肆虐；冬日雪景虽美，却难掩刺骨的冰寒。四季虽美，但都有缺憾。世界本来就没有完美的存在，这是事实。四季连在一起是一年，年复一年连在一起就是一生。人生和四季一样虽然美丽缤纷，也难免有缺憾。

在对生活缺乏热情的人眼中，一年四季的坏处很多很多！是不是真实呢？也是真实的。但在这样的心境中走过一生，即便活到百岁，也会觉得缺少些什么。如果能以一种积极、乐观的心境去感觉，春天虽不一定处处是花，但只看有花的地方；秋天虽然万物萧瑟，但只注目丰收的硕果……凡是往好处想，往好处看，心境自然豁达，人生就会知足而自得其乐。

其实人生的价值不在于你活了多少年，而在于你走过的生命中有多少"好时节"。这取决于我们的心态，看不开，处处抱怨，人生便是一出悲剧；看开了，知足、乐观地活，便能活出人生好时节。

2. 百花丛中过，片叶不沾身

百花丛中过，片叶不沾身。这是繁华阅尽后的风轻云淡，是在滚滚红尘里走过的从从容容，是"众人皆醉我独醒，纵出淤泥而不染"的清醒。

有一天，台湾著名作家、学佛名家林清玄跟随一位朋友去看一位收藏家的收藏。据说他收藏的都是顶级的东西，随便拿一件来都是价逾千万。

他们穿过了一条条的巷子，来到了一家很不起眼的公寓前面。林清玄有些纳闷，顶级的古董怎么会被收藏于这种地方呢？

这时，收藏家来开门迎接他们俩。只见收藏家连续打开了三扇不锈钢门，才让他们走进了屋内。只见室内的灯光非常幽暗，等了几秒钟，俩人才适应了室内的光线。这时，林清玄俩人才赫然看到整个房子都堆满了古董，多到连走路都要小心，要侧身才能前进。

只见室内到处都是陶瓷器、铜器、锡器，还有好多书画卷轴拥挤地插在大缸里，主人好不容易才带他们找到了沙发。其实，沙发也是埋在古物堆中，经过了一番整理，三人才得以落座。

林清玄一下子都不知道怎样才能形容那种感觉，古董过度拥塞，使人仿佛置身在垃圾堆中。看来，任何事物都不能太多，一到"太"的程度，就可怕了。

俩人看古董正看得出神的时候，主人端出来了一个盘子，但盘子里装的不是茶水或者咖啡，而是一盘玉。因为林清玄的朋友向主人吹嘘林清玄是个行家，所以尽管林据实地极力否认，但主人只当他是谦虚，迫不及待地拿其收藏要给林"鉴赏"了。

无奈之下，林清玄只好一件一件地鉴赏，并极力地称赞。在说一块茶色玉时，林清玄心里还想："为什么端出来的不是茶水呢？"

看完玉石，俩人转到主人的卧房看陶器和青铜。这时，俩人才发现主人的

看开，想开，烦恼走开

卧室中只有一张床可以容身，其余的从地面到屋顶，都堆得密不透风。

虽然说这些古铜都是价逾千万，但堆在一起却感觉不出它的价值。后来又看了几个房间，依然如此，最令俩人吃惊的是，连厨房和厕所都堆着古董，主人家已经很久没有生火做饭了。

古董的主人告诉林清玄和他的朋友，自己之所以选择居住在陋巷，是怕引起歹徒的觊觎。而他设了那么多的铁门，都有着各种安全功能，一般人即使是想从门外看一眼他的古董，都是不可能的事。

林清玄的朋友补充说："他爱古物成痴，太太、孩子都不能忍受，移民到国外去了。"古董的主人不屑地说："女人和小孩子懂什么？"

告辞出来的时候，林清玄感到有一些悲哀，心想，再怎么了不起的古董，都只是"物件"，怎么比得上有情的人？再说，为了占有古董，活着的时候担惊受怕，像囚犯困居于数道铁门的囚室，像乞丐住在垃圾堆中，这又何苦呢？

何况，人都是要离开世界的，就像他手中的古董从前的主人一样，总有一刻，会两手一放，一件也带不走。事实上，真正的拥有，不一定要占有，真正的古董鉴赏家，不一定要做收藏家；偶尔要欣赏古董，到故宫博物院走走，花几十元门票，就能看到真正的稀世古物。累了，还可以花几十元在故宫附近找一家茶楼品品茶，这样的生活不是非常的惬意吗？当回到家时，窗明几净，也不需要三道铁门来保卫，也不需要和无情的东西争位置，役物而不役于物，不亦快哉？

人生在世，有所营谋，就必有所烦恼；有所执著，就必有所束缚；有所得，就必有所失。

我们的生命其实很短暂，也有定数，如果你把时间花在了财货上，自然就没有时间花在心灵上。如果你日夜为欲望奔走，往往会耗失自己的健康。如果你成为了壶痴、石痴、玉痴、古物痴，就会忘却有情世界的珍贵。

好好吃一顿饭、欢喜喝一杯茶，一日喜乐无恼、一夜安眠无梦，和妻儿共享受天伦之乐、对父母多尽一点点孝……这些会不会比成为物件的奴隶，要更让人活得更从容、自在和幸福呢？

什么才是真正的幸福生活呢？也许"百花丛中过，片叶不沾身"这样的生活，才是我们最应该向往的生活。

百花丛中过，心不被羁绊

"百花丛中过，片叶不沾身"这句话出自《金刚经》，是佛教里提倡的一种理想，一种境界，字面意思是，春天我们去赏花，但是没有一片花沾在我们的身上。暗指不受凡尘的侵扰，即使从凡尘走过，外界的一切也污染不了我纯净的佛性。喻指能经得起诱惑。这句话有点出淤泥而不染的味道，但又没有把俗世比喻成污泥。

百花丛中过，片叶不沾身。这是繁华阅尽后的风轻云淡，是在滚滚红尘里走过的从从容容，是"众人皆醉我独醒，纵出淤泥而不染"的清醒。

当然，在百花丛中走一遭，只要是头脑健全思维正常的人，能不被百花淹没者了了，能片叶不沾身的走出的更没有几个。于是，痛苦便由此而生，疲累便由此而来。

生命是一个过程，没有过渡。人从一出生就是带着使命而来的，所以每个人都必须学会走路，必须学会如何更好地从一端走向另一端。人生再长也不过百年，不过三万多个日日夜夜。弹指一挥间，十年二十年便匆匆而过。当鬓已成霜时很多人方悔错过了很多不该错过的东西。然而，若悟时恰逢百花凋零际，心就不只会凄凄然了。

追求一样东西，明明知道永世不可能得到，却还要死死的抓住不放，这叫蠢。痴爱一个人，明明知道不会有结果，却还要苦苦的纠缠下去，这叫愚。可人这一辈子又有谁没蠢过愚过呢？我们只是迷失了自己，恰如蝶穿百花丛时，缤纷乱舞里找不到飞出去的方向。

绝大多数人都只是一个平凡的人，没有穿越百花而身不沾尘的定力，只要能做到"百花丛中过，心不被羁绊"，就算是了不起的事情一桩了。

何必太过执著，人生只是租来

想想我们的人生，都是租来的，没有一种东西真正属于我们。

有一位癌症患者在病房打电话问一位朋友："我只剩半个月可活了，为什么还会一直挂念着一些小东西呢？"朋友问她："什么小东西呢？"

她说，她以前很喜欢买袜子，总是一打一打地买。现在，她最担心的是，如果她走了，家里的那些袜子还没穿过，可能就会没了……朋友不知道该怎么回答她才好。

望着窗外骤雨，她也若有所思："活了这么几十年，这一刻忽然有一种感觉，好像我努力得来的一切，不过是一纸租赁契约，一切都是租来的。到了某个年限，就要缴清借款，还回去。"

仔细想来确实如此，我们每个人的一切，不都是租来的吗？

有这样一个人，在很多人看来，他的人生似乎十全十美，什么都有。朋友们曾开他玩笑，说他什么也不多，就是钱多。然而，他却说，他多半时间都活在有成就感却不快乐的状况中，工作上一直在应付各种挑战和危机，心灵上一直漂泊无依。

想想我们的人生：我们努力地读书工作，买房子让自己安定，买车以求舒适。有了伴侣，签了终身契约。有了孩子、有了公司、又有了孙子……每一样，我们都以为是自己的资产，看着这些，我们才感到安慰。

然而，伴侣、孩子，都不认为他们的所有权属于你。正如我们并不认为自己是父母资产的一部分，自小就嚷着要独立一样。把活人视为资产，是一厢情愿。

这个世界或许只是一个很大的租车公司。被命运善待的人，不过是向一个服务好的租车公司租到了一部好车，这或许也只是完美人生的缩影。旅程尽头有些不舍，却还是往前行。再美妙的陪伴都带不走，越顺的人生，时光流逝得越惊心。

不像是租来的东西，不过是抽象的东西。如过程、情感与记忆，都是属于自己的独特经历。许多人对租来的东西十分精心，对不是租来的东西却十分粗心。

虽说是非成败转头空，古今多少事，都付烟消云散中。但人这一辈子，若是谈不好感情，受不了挫折，存不了美好的记忆，在"还车"前一点儿值得咀嚼几分钟的旅程经验也没有，那才是最遗憾的事情。

何必太过执著，人生只是租来。虽说"百花丛中过，片叶不沾身"，对于很多人来说都只是一种难以企及的境界，但也不要迷失在花丛中啊！人生中的一切，都只是租来而已，何必对某些事物或者某些人紧抓不放呢？

在租来的人生中，值得斤斤计较或细细呵护的，唯有时间，唯有情。

3. 吃苦了苦，苦尽甘来

吃苦了苦，苦尽甘来。人世间所有甜蜜的果实，皆要通过风吹雨打的考验和苦难的磨炼，才能品尝得到。

佛陀说，吃苦了苦，苦尽甘来。

有一座即将落成的佛寺想要雕刻一尊本师释迦牟尼佛像，于是，僧众找来了两块非常有灵性的大石头。这两块石头的质地都差不多，但其中有一块略为好一点，所以雕刻师就拿这块较好的石头先刻。

在雕刻过程中，这块石头常常抱怨道："痛死我了，你快住手吧！我不想让你刻了。"雕刻师好言相劝："你再忍一下，再过两个星期就好了，你能忍得下来，就将成为万人膜拜的释迦牟尼佛像。"它听了后说："好吧，我再忍两天。"结果在这两天中，它还是拼命地喊叫，喊得雕刻师的心都快碎了，最后只好说："好吧，那你就先歇一会儿。"就把它放在了一旁，然后对另外一块石头说："我现在要雕刻你了，你可不能喊痛。"这块石头说："我绝对一声都不吭，你大可放手来雕刻，来磨炼我。"雕刻师因为受第一块石头的影响，边雕刻还会边问它痛不痛，但这第二块石头由此至始都没有过任何怨言。两个星期过去了，非常庄严的本师释迦牟尼佛像终于雕出来了。因为雕得很庄严，所以令成千上万的信徒前来膜拜。因为来膜拜的人太多了，踩得地上尘土飞扬，必须得想一个办法解决这个问题。佛寺主持看到旁边的第一块大石头，便让大家把它打碎，然后铺在了地上。就这样，第二块石头成为了万人膜拜的佛像，而第一块石头则成为了万人践踏的碎石。

忍受雕刻和磨炼的苦因，才有万人膜拜的甜果；抱怨和逃避被雕琢的痛，最后只能接受被万人踩踏的苦果。

人世间所有甜蜜的果实，皆要通过风吹雨打的考验和苦难的磨炼，才能品尝得到。

故此，佛陀开示众生：**先吃苦，后尝甜**。

正确面对负担，所以可靠稳妥

在一座寺庙里，住着一个老和尚和两个一胖一瘦的小和尚。老和尚每天都叫两个小和尚到附近的镇上去化缘。

从寺庙到镇里有两条路。一条是近路，要经过一片浅溪和一座独木桥；一条是远路，之所以远，是因为要绕过一座山。胖和尚每次都走近路，总是稳重地过独木桥，小心翼翼地蹚过小溪，然后到镇上化缘。化了缘，他一刻也不逗留地沿着原路早早地回到庙里。瘦和尚每次都走远路，总是一路上游山玩水，采花弄石；化缘的时候，也是这里瞧瞧，那里看看，回到寺庙的时候，太阳总是快要落山了。

老和尚渐渐老了，他决定在这两个小和尚里选出一个接班人。胖和尚很老实，做事总是中规中矩，稳妥可靠；瘦和尚虽然贪玩好动，但是很聪明，有时能独辟蹊径，事半功倍。老和尚反复思量，还是拿不定主意。

这一天，老和尚叫这两个小和尚化了缘后各买一袋大米回来。胖和尚先化了缘，然后买了一袋大米就往回赶。但他并没有像平常那样走近路，而是选择了远路。因为背着一袋米，身体移动受限，他怕蹚水和过桥的时候，脚下不稳，不如走远路踏实。而瘦和尚背着一袋米却选择了走近路，因为他觉得负担在身，走远路将会更苦更累，不如走近路，虽然有危险，但是可以节省许多体力。结果，胖和尚虽然显得很累，但却稳稳当当地回到了寺庙，而瘦和尚却在过桥的时候，一不小心，身体失去平衡，掉进了水里，人虽然游上了岸，但米却被流水冲走了。最终，老和尚选择了胖和尚来接管寺庙。

后来，寺庙所在的州县发生了一次大干旱，许多地方都出现了饥荒。由于没有人进香，很多寺庙都没能维持下去，而胖和尚管理的寺庙却渡过了难关。

面对负担和压力时，人们往往会有两种表现。**有的人会因为负担而脚踏实地，不慌不忙，一步一个脚印，最终获得一个不错的结果；有的人却因为负担**

而挖空心思，去寻找所谓的捷径，甚至铤而走险，最后往往逃不脱失败的结局，吃尽苦头，尝尽苦果。

承受极大痛苦，所以结出美丽异常的珍珠

一只蚌跟它附近的另一只蚌说："我身体里边有个极大的痛苦。它是沉重的，圆圆的，我遭难了。"

另一只蚌则怀着骄傲自满的情绪回应道："赞美上天也赞美大海，我身体里边毫无痛苦，我里里外外都很健全。"

这时有一只螃蟹经过，听到了两只蚌的谈话后，便对那只里里外外都很健全的蚌说："是的，你是健全的，然而你的邻居所承受的痛苦，乃是一颗异常美丽的珍珠。"

要长成美丽的珍珠，痛苦是必不可少的养分。先吃苦，后尝甜。如果蚌身体里没有承受过极大的痛苦，根本不可能结出美丽的珍珠。

你愿意成为神像还是木鱼

有位雕刻大师在森林中漫步，找到了一块上等的木头。

大师将木头拿回家之后，决定将木头雕刻成一尊神像。他花了许多时间，用尽心血，终于雕出自己心目中满意的一尊神像。

大师完工之后，看了看一旁剩下的木料，捡起一块较大的，顺手将它做成了一个木鱼。

安置在庙里的神像，日日受到信徒的顶礼膜拜，享受着香火和供奉，身份地位尊荣备至。而那个木鱼则被放在神桌前，随着和尚早课晚课的诵经声，不断地被敲打着……

一天夜里，木鱼问神像道："我们来自同一块木头，你可以享受供奉，而我却每天要被人打，难过死了。为什么我们的命运会相差这么大呢？"

神像说："当初你不肯接受刀斧加身，而我所受到的雕琢之苦，不是语言可以形容的。因此，今天你我所受的待遇，当然会有天壤之别了。"

"玉不琢，不成器。"今天所有加诸于我们身上的磨练，都是上天为了提升我们将来的功业而特别准备的。愿意塑造神像，或者塑造木鱼，决定权完全在于我们自己。

4. 真聪明不在嘴巴上，在体会里

凡事只有亲身体验，才能体会其中的真意。如果只是用旁观者的态度，或者从纸上感悟，往往有如雨水滴到荷叶上，很难真正体会。真聪明不在嘴巴上，不在表面上，而在亲身体会，身体力行上。

宋朝著名的禅师大慧门下有一个弟子道谦。道谦参禅多年，仍不能开悟。一天晚上，道谦诚恳地向师兄宗元诉说自己不能悟道的苦恼，并求宗元帮忙。

宗元说："我很高兴能够帮助你，不过有三件事我无能为力，你必须自己做！"

道谦忙问是哪三件事。

宗元说："当你肚子饿时，我不能帮你吃饭，你必须自己吃；当你想大小便时，你必须自己解决，我一点也帮不上忙；最后，除了你之外，谁也不能驮着你的身子在路上走。"

道谦听罢，心扉豁然开朗，快乐无比，感到了自我的力量。

有个学僧请教他的师傅海空禅师，要怎样做才能学会海空禅师拥有的智慧。海空禅师笑了笑，从桌上拿起了一个苹果，放到嘴边，大大地咬了一口，然后不断地咀嚼着苹果，不发一言。过了好一会儿，禅师才又张开嘴，将口中已经嚼烂的苹果吐在手掌当中，然后递到学僧面前说："来，把这些吃下去！"

学僧非常疑惑地望着师傅，说："师傅，这……这怎么能吃呢？"

海空禅师又笑了笑，说："我咀嚼过的苹果，你当然知道不能吃；但为什么又想要汲取我的智慧的精华呢？你难道真的不懂？**所有的学习，都必须经过你本身亲自去咀嚼的；所有的收获，都必须经过你本身亲自去劳作与付出的；所有的聪明，都不是停留在嘴巴上的。**要想成为有大智慧的人，就必须自己亲自去学习，亲自去求证！千万别以为有什么捷径可以走。懒惰的人是不可能成为大知大觉者的。"

学不在多，贵在力行

佛祖有个叫般特的徒弟，生性愚钝。佛祖让500名罗汉天天轮流教他，可是般特仍不开窍。佛祖便把他叫到面前，逐字逐句地教了他一首偈："守口摄意身莫犯，如是行者得度世。"

佛祖说："你不要认为这首偈稀疏平常，你只要认真学会这一首偈，就已经是不容易了！"于是般特翻来覆去地就学这一偈，终于领悟了其中的真谛。

过了一段时间，佛祖派他去给附近的女尼讲经说法。那些女尼早就听说过这个愚笨的人了，所以心中都不服气，她们想："这样愚笨之人也会讲经说法？"虽然心里这样想，但是她们表面上仍然用应有的礼遇对他。

般特惭愧而谦虚地对众女尼说道："我生来愚钝，在佛祖身边只学得一偈，现在给大家讲述，希望静听。"接着便念偈："守口摄意身莫犯，如是行者得度世。"

话音刚落，众女尼便哄笑："居然只会一首启蒙偈，我们早就倒背如流了，还用你来讲解？"

般特不动声色，从容讲下去，说得头头是道，新意跌出。一首普通的偈，说出了无限深邃的佛理。众女尼听得如痴如醉，不禁感叹道："一首启蒙偈，居然可以理解到这种程度，实在是高人一等啊！"于是对他肃然起敬。

般特只学了一偈，可他一丝不苟的精神体现于行动之中，于是一偈也得道了。

"学不在多，贵在力行。"**如果只把聪明停留在嘴巴上，这样的聪明是结不出累累硕果的。**因为真聪明不在嘴上，从来只在身体力行上。

亲身体验，才能体会

唐朝兵马大元帅郭子仪虽功盖天下、权倾朝野，但他还是一名虔诚的佛教徒，经常会去聆听禅师说法。

有一天，郭子仪问禅师："傲慢是什么？"

禅师以一种极其傲慢无礼的态度对他喝问："你也配问'傲慢'是什么！"

禅师的话惊呆了在场的所有人。要知道，郭子仪乃当朝相国，禅师怎么能这样说话呢！显然，郭子仪被禅师的话激怒了，正准备发火的时候，禅师又恢复了慈善的面容，笑着对他说："这就是'傲慢'。"

有一名武士向禅师问道："天堂和地狱真的存在吗？如果存在，你能带我去吗？"

禅师问道："你的职业是什么？"

"我是一名武士。"

禅师说："就你这样也配当武士！我看你去做乞丐还差不多！"

武士伸手拔出腰间的宝剑，目露凶光，用剑抵在禅师胸前，禅师神态安详地说道："地狱之门由此打开！"

武士急忙收起宝剑，谦卑地向禅师道歉，这时候，禅师笑着对武士说："天堂之门由此敞开！"

这两个故事都寓意世人，**凡事只有亲身体验，才能体会其中的真意。如果只是用旁观者的态度，或者从纸上感悟，往往有如雨水滴到荷叶上，很难真正体会**。真聪明不在嘴巴上，不在表面上，而在亲身体会，身体力行上。

做好本职，也是修行

一天，有一位女士来找秀峰禅师，抱怨工作得很辛苦，上司给的压力太大，下属又不懂合作，所以工作得很辛苦，她想不如去出家好了，以后就不用再面对这些工作上的烦恼了。

秀峰禅师听了之后对她说："生活不就是修行吗？你可知道，现在对工作生厌就想出家，如果对出家也生厌了，那又怎样？"

她的反应是"哦"！就无言以对了。

秀峰禅师便开导她说："你要明白你在公司的职责，如果生活你都应付不了，去寺院你又应付得了吗？例如寺院生活的清规或刻苦等。你要明白为什么公司要雇用你，为什么你的上司要赏识你？你的职责就是为公司解决难题，所以你要做好你的职责，你可以尝试去了解你上司的烦恼，如果你明白了，你就会懂得处理他现在面对的难题。你觉得很难交给下属去处理工作的情况也一样，譬如你做衣服，你有什么要求，你要清晰的告诉对方。对方明白，才可以按你的要求去做。其实，**生活就是修行，做好工作、完成我们的职责也是修行**。不要一味地抱怨上司和下属，只要做好我们的职责，这就是入世修行的不动心！"

女士听完这番话后，面上重现喜悦的神色，顶礼而去。

在生活和工作中，当感到不如意的时候，不要一味地嘴上去抱怨别人对我们的不公平，更不要去逃避现实，而是要想办法用行动去解决遇到的难题。真聪明不在嘴上，而在行动上。做好本职工作，其实也是一种修行。

5. 你就是一座无尽宝藏，要学会充分开采

> 很多人都曾经或者正在抱怨命运，也许他们很少想过，命运就掌握在自己的手里。能够改变命运的只有自己，而你也必定能改变命运，因为你本身就是一座无尽的宝藏，能够给你足够的智慧和力量。

有一位年老的富翁非常担心自己的万贯家产在百年之后会给娇惯坏的儿子带来祸害，于是，他把儿子叫来，给他讲了自己白手起家、艰苦创业的故事。儿子十分感动，决定出外寻找财富，并发誓不找到宝物决不回家。

儿子打造了一艘大船，远涉重洋。后来他在热带雨林中找到了一种会散发香气的树木。于是，儿子把这种树木运回家乡，搬到市场上去卖，可惜无人赏识。令人气恼的是，旁边一个卖木炭的小贩却生意兴隆。

第二天，儿子把那种香木也烧成了木炭，挑到市场上后，也很快就卖完了。其实，儿子烧成木炭的香木，正是世上珍贵无比的"沉香"，只要切下一小块磨成粉末，价值就能超过一车的木炭。

看完这个故事，也许有些人会笑这个儿子非常愚蠢，手上有价值连城的宝物，却让它变成了价值不大的东西。事实上，大多数人在生活中不也曾经犯过或者正在犯着这样的愚蠢行为吗？例如，我们自己本身就是一座的宝藏，但很多人都没有开采过，或者并没有充分地开采过！

宝藏就在你身上

有一次，石屋禅师和一个偶遇的青年男子结伴同行。天黑了，那个男子邀请禅师去他们家过夜，对他说道："天色已晚，不如在我家过夜，明日一早再行赶路？"

禅师向他道谢，与他一同来到了他家。半夜时分，禅师听见有人蹑手蹑脚地来到了他的屋子里，禅师大喝一声："谁！"

那人被吓得跪在了地上，禅师揭去他脸上蒙着的黑布一看，原来是白天和自己同行的青年男子。

"怎么是你？哦，我知道了，原来你留我过夜是为了这个！我一个和尚能有几个钱？你要干就应该去干大买卖！"

那男子说道："原来是同道中人！你能教我怎么去干大买卖吗？"他的态度是那么恳切，那么虔诚。

禅师看他这样，便对他说道："可惜呀！你放着终生享用不尽的东西不去学，却来做这样的小买卖。这种终生享用不尽的东西，你想要吗？"

"这种终生享用不尽的东西放在哪里？"

禅师突然紧紧抓住男子的衣襟，厉声喝道："它就在你的怀里，你却不知道，身怀宝藏却自甘堕落，枉费了父母给你的身子啊！"

真是一语惊醒梦中人！这个人从此改邪归正，拜石屋禅师为师，后来成为了著名的禅僧。

你也是这位青年男子吗？你犯过或者正在犯类似于他那样的愚蠢行为吗？**其实，你自己本身就是一座取之不尽、用之不竭的宝藏，何必总把眼睛放到别的地方？**

命运就在你手里

有一个生活平庸的人带着对命运的疑问去拜访佛光禅师。他问禅师："大师，真的有命运吗？"

"有的。"佛光禅师答道。

"但我的命运在哪里？是不是我命中注定要穷困一生？"他问。

佛光禅师就让他伸出他的左手，指给他看说："你看清楚了吗？这条横线叫做爱情线，这条斜线叫做事业线，另外一条竖线就是生命线。"

禅师又让他将手慢慢地握起来，握得紧紧的。禅师问："你说这几根线在哪里？"那个人迷惑的说："当然是在我的手里啊！""那命运呢？"

那个人恍然大悟：原来，命运就掌握在自己的手里！

很多人都曾经或者正在抱怨命运，也许他们很少想过，命运就掌握在自己的手里。能够改变命运的只有自己，而你也必定能改变命运，因为你本身就是一座无尽的宝藏，能够给你足够的智慧和力量。

找回失落的"自我"

道谦和尚是大慧禅师的弟子，他参禅20年了还是没有悟道，心里很是着急。

有一次，禅师让他出门办事，大约需要一年时间。道谦想："需要这么长的时间，而自己参禅还没有什么进展，这不是在荒废时间吗！"于是他心中很苦恼。

他的朋友宗元和尚听他诉说了这些苦恼后，安慰他说："我和你一起去吧！路上我也可以帮助你参禅！"道谦十分高兴，于是二人就出发了。

一路上，宗元总是说说笑笑，似乎把原先的承诺都给忘了。道谦非常失望，便主动请求宗元帮助。可是宗元却说："不是我不帮你，而是我实在帮不了你！这一路上你必须自己做五件事。"

道谦问："哪五件事？"

宗元回答说："吃、喝、拉、撒、睡。"

这句话刚一说完，道谦猛然醒悟，终于顿悟。原来，他从这几句话中认识到了"自我"。于是，他便独自踏上了行程，不再要朋友陪伴了。

一年以后，道谦到师父那里复命，大慧禅师一见到他就说："你终于找到自己了！"

尘世间，又有多少人还没有找到"自我"啊！没有找到"自我"，难免会烦恼不已，疲惫不堪，感觉今天过得忙乱，对于明天非常迷惘。**找回失落的"自我"吧，当你能自我审视、自我洗涤、自我完善、自我净化、自我跌落、自我升华、自我顿悟时，你就能真正地认识自己，发现自己是一座无穷无尽的宝藏，找到你希望的幸福与快乐。**

6. 充满爱心的慈善，会带给你无穷的喜悦

施比受更有福。当你能全心地赋予，无条件地舍弃自己以后，你才会得到比你舍弃的更多的回报，充满爱心的慈善，将会给你带来很多令你不可预想的喜悦。

有位禅师在院子里种下了一株菊花，到了第三年的秋天，院子便成了菊花园，香味一直传到了山下的村子里。

凡是来寺院的人都忍不住赞叹道："好美的花儿呀！"

有一天，有人开口向禅师要几棵花种在自家的院子里，禅师答应了。他亲自动手挑拣开得最鲜、枝叶最粗的几棵，挖出根须送到了别人的家里。消息很快传开了，前来要花的人接连不断。在禅师眼里，这些人一个比一个知心、一个比一个亲近，所以都要给。没几天，禅师院里的菊花就被送得一干二净。

没有了菊花，院子里就如同没有了阳光一样寂寞。秋天最后的一个黄昏，弟子看到满院的凄凉，便对禅师说道："真可惜！这里本应该是满院香味的。"

禅师笑着对弟子说："你想想，这样岂不是更好，3年后一村子菊香！"

"一村菊香！"弟子不由心头一热，看着禅师，只见他脸上的笑容比开得最好的菊花还要灿烂。

禅师说："我们应该把美好的事与别人一起共享，让每一个人都感受到这种幸福，即使自己一无所有了，心里也是幸福的！这时候我们才真正拥有了幸福。"

不要总想着自己，应该把自己美好的东西拿出来与别人一起分享。人多施舍多福报。当你看到别人脸上洋溢的笑容时，你一定能体会到，其实与别人分享幸福，要比自己占有幸福更幸福！而幸福，是你能获得的最好的福报。

活着对别人有用才快活

施比受更有福。当你能全心地赋予，无条件地舍弃自己以后，你才会得到比你舍弃的更多的回报，充满爱心的慈善，将会给你带来很多令你不可预想的喜悦。

一连好几年，有一位温和的小个子守墓人每星期都会收到一个素不相识的妇人的来信。信里附着钞票，要他每周给她儿子的墓地放一束鲜花，后来有一天，他们照面了。那天，一辆小车开来停在公墓大门口，司机匆匆来到守墓人的小屋，说："夫人在门口车上。她病得走不动，请你去一下。"

一位上了年纪的妇人坐在车上，表情有几分高贵，但眼神已哀伤，毫无光彩。她怀抱着一大束鲜花。

"这几年我每个礼拜给你寄钱……"

"买花。"守墓人应道。

"对，给我儿子。"

"我一次也没忘了放花，夫人。"

"今天我亲自来，"妇人说，"因为医生说我活不了几个礼拜了。死了倒好，活着也没意思了。但我很想再看一眼我的儿子，所以亲手来放这些花。"

守墓人眨巴着眼睛，没了主意。他苦笑了一下，决定再讲几句。

"我说，夫人，这几年您常寄钱来买花，我总觉得可惜。"

"可惜？"

"因为鲜花搁在那儿，几天就干了，没人闻，没人看，太可惜了！"

"你真的是这么想的？"

"是的，夫人，您别见怪，我是想起来自己常跑医院、孤儿院，那儿的人可爱花了。他们爱看花，爱闻花。那儿都是活人，可这儿墓里哪个活着？"

妇人没有作答。她只是小坐了一会儿，默默地祷告了一阵，没留话便走了。守墓人后悔自己一番话太率直、太欠考虑，可能使她听后受不了了。

没想到几个月之后，这位妇人又忽然来访，把守墓人惊得目瞪口呆：她这回是自己开车来的。

"我把花都给那儿的人们了，"她友好地向守墓人微笑着，"你说得对，他们看到花可高兴了，这真叫我快活！我的病好转了，医生不明白是怎么回事，可是我自己明白，因为我觉得自己活着还有些用处。"

是啊，她重新焕发出生命的光彩，是因为她发现了我们大家都懂得却又常常忘记的道理：**活着要对别人有些用处才能快活。**

多施舍多福报。当你付出之后，收获到的快乐，是上天对你最好的回报。

小舍小得，大舍大得

有一个人家里老鼠成灾。于是主人就找了一只猫回来捕鼠。这只猫很会捕鼠，但是也咬鸡。一段时间后，主人家的老鼠没有了，同时鸡也几乎被咬死了。于是，儿子就对父亲说："我们为什么还要留着一只专爱咬鸡的猫在家呢？"父亲告诉儿子说："这里面有这样一个道理，老鼠不但偷吃我们的粮食，而且还咬坏我们的衣服，如此横行下去，我们岂不是要挨饿受冻了吗？没有了鸡，我们只是暂时吃不上鸡罢了，但是比较一下，这和挨饿受冻又差着一大截呢，我们为什么要赶走猫呢？"

一味地追求所得与所获而不想付出任何代价是不可能的。**小舍小得，大舍大得。想要得到更多，首先要做好失去更多的准备；想要得到世上最好的福报，就要甘愿付出最大的施舍。**